AF343056

UNITÉ

DE

L'ESPÈCE HUMAINE

PAR M. GAINET

CHANOINE HONORAIRE, CURÉ DE CORMONTREUIL, PRÈS REIMS (MARNE)

BAR-LE-DUC

LOUIS GUÉRIN, IMPRIMEUR-ÉDITEUR

RUE DE LA ROCHELLE, 49, 51

—

1871

AVANT-PROPOS.

Le matérialisme nous déborde de toutes parts. Il n'est plus seulement à l'état d'enseignement, on en fait l'affreuse expérience sur la société en convulsion. Nous n'en sommes plus, hélas ! à prédire les malheurs, nous en sommes les victimes. Les esprits superficiels qui ne voient les causes de ces désastres que dans les fautes et les imprévoyances politiques se trompent gravement. Il faut remonter plus haut et accuser l'enseignement public presque tout entier. Toutes les vérités de l'ordre religieux et moral sont ébranlées et discréditées par une presse et une littérature qui ne sait plus rien respecter.

Les plus grands coupables sont les faux savants qui, de sang-froid, avec les apparences de l'impartialité et l'appareil d'une science approfondie, s'en viennent dire au peuple :

L'homme n'est qu'une brute, il est le descendant des singes ; l'âme n'est rien. Et ces savants pervers, s'ils ne sont pas imprévoyants, s'aperçoivent-ils que c'est dire à l'homme : *Vous n'avez puis de responsabilité morale : les lois n'ont plus de raison d'être ; toute mesure compressive est une injustice ; la justice n'est que le droit du plus fort ?*

Et vous êtes encore surpris que des hommes formés par ces ignobles principes, profitent des malheurs publics pour creuser sous la France et sous l'Europe civilisée un précipice sans fond où nous irons nous engloutir, si nous ne nous hâtons de régénérer l'instruction publique, et ne comprimons pas les fureurs d'une presse devenue la complice et la propagande de toutes les erreurs.

Nous avons voulu, en traitant la question de l'unité de l'espèce humaine, montrer par cet exemple comment les sciences naturelles, qui sont destinées à élever nos pensées reconnaissantes vers la

Providence, sont travesties et forcées, à leur honte et contre leur nature, à venir déposer contre la dignité humaine, en faveur du matérialisme.

J'espère qu'à la lueur sinistre des événements contemporains, on va comprendre la logique qui relie nos malheurs à ces principes.

Qui ne s'étonnera qu'on ait confié le ministère de l'instruction publique à un matérialiste, qui regardait la jeunesse française comme la branche aînée de la famille Simienne?

Il est temps que les hommes d'état songent sérieusement à régénérer l'éducation. Ce n'est pas entraver l'essor du génie que de marquer des bornes que le bon sens de tous les peuples civilisés a toujours respectées. Ce qui est à craindre, ce n'est pas le défaut d'instruction, c'est la licence qui compromet les fruits de la civilisation qui sont l'œuvre de tous les siècles.

Cormontreuil, le 26 avril 1871.

UNITÉ DE L'ESPÈCE HUMAINE

Ce n'est guère que depuis un siècle qu'on a fait du bruit autour de cette question, et que les adversaires du christianisme ont groupé certains faits de l'histoire naturelle pour en tirer un démenti contre Moïse et contredire cette vérité de la Genèse : *Un seul couple a donné naissance à la totalité du genre humain.*

Les savants les plus illustres ont formulé leur jugement conforme à la croyance de tous ces temps, et l'ont appuyé sur des motifs qui paraissent peu discutables.

Mais la passion antireligieuse a de plus en plus envenimé ce débat, et il se trouve encore aujourd'hui des savants qui se posent comme des avocats très-habiles d'une cause déshonorée et funeste dans ses conséquences, si elle était perdue devant le tribunal de la science.

J'espère qu'après avoir vu dans les pages qui vont suivre ce que nous apprend : 1° l'histoire du genre humain ; 2° les migrations des peuples ; 3° l'histoire naturelle proprement dite, on sera étonné qu'il se trouve encore un seul savant qui ose contredire une vérité si chère aux chrétiens, et qui aurait sur les mœurs publiques une influence désastreuse, si elle était ébranlée.

I. — Affinités de croyance et d'usage entre les peuples les plus divers.

Il faut d'abord faire remarquer que nous ne sommes nullement obligés d'arriver à une démonstration. Ce sont au contraire nos adversaires qui ne doivent être admis à contredire Moïse et les faits généraux, que lorsqu'ils seront munis de faits et de preuves tellement positifs et évidents, que la contradiction reste sans réplique. Quand des preuves de deux ordres différents sont en présence et dans un sens contraire, ce sont les plus fortes et les mieux établies qui doivent l'emporter. Mais lorsque d'un côté les preuves ont la perfection qu'elles peuvent avoir, et qu'il n'y a contre elles que des hypothèses la logique veut que l'hypothèse recule.

Or, au point où en est arrivée la question, les bruyantes hypothèses qu'on avait édifiées à grands frais contre l'unité de la race humaine, ont perdu de leur crédit même au point de vue de la science et de l'histoire, et si la question religieuse n'y était pas intéressée, l'unité du genre humain serait bien respectée.

L'histoire nous montre tous les hommes en communauté de pensées, de coutumes, de goûts, de connaissances et même de faiblesses morales sur des points si nombreux, et cela de tout temps, qu'il n'est pas absolument possible d'expliquer cette conformité autrement que par une origine commune ; et cela ne suffit pas encore, il a fallu que dans les commencements toutes les fractions du genre humain aient vécu d'une vie commune pendant plusieurs siècles, pour que tant de peuples répandus par toute la terre aient emporté tant de coutumes, d'idées, de pratiques semblables que le hasard ne peut expliquer ; il faut que tous aient puisé à une même source. Ce qui frappe un esprit superficiel dans la comparaison des nations, ce sont les différences ; mais l'observateur qui voit le fond des choses est bien plus étonné des similitudes.

Est-ce par hasard que partout et toujours, sous toutes les latitudes, le fond de la religion a reposé sur le sacrifice sanglant ?

Est-ce par hasard que se sont établis tant d'usages parfaitement semblables dans la pratique et les détails du culte, que nous avons signalés dans nos écrits précédents ?

Est-ce un effet du hasard que le genre humain soit tombé partout dans un absurde polythéisme, mais après avoir été monothéiste ? Est-ce que le monothéisme n'indique pas avec certitude une origine identique ?

Nous avons vu que partout les religions polythéistes ont pris naissance à peu près vers la même époque. Est-ce que ce synchronisme n'indique pas une marche parallèle dans l'histoire des nations, qui accuse un point de départ central ?

Malgré la diversité très-marquée des langues, n'y a-t-il pas des traits de famille ineffaçables dans toutes les langues du monde ? La formule grammaticale qu'on appelle une phrase, composée de ses trois termes, est l'unité invariable du langage de l'homme, et cela toujours et partout. Qui a inventé ce mécanisme si parfait et si *un* dans sa diversité ?

Comment se fait-il que des nations profondément séparées par l'expression de leur pensée, par leur langue, se trouvent avoir sur d'autres points les plus intimes et les plus nombreuses affinités, lesquelles remontent à l'origine même de leur histoire ?

Par exemple, les zodiaques ont évidemment une même origine dans tout l'Orient, et ce point est si important que nous devons en fournir quelques preuves, d'après les fructueuses recherches de de Guignes. (*Mém. de l'Acad.*, t. XLVII, p. 400 et seq.)

Le zodiaque dont va parler ce savant n'est pas celui des demeures du soleil, mais celui des demeures quotidiennes de la lune partagé en 28 stations, et beaucoup plus ancien et plus primitif que le second, qui n'a dû être observé qu'un long temps après.

« Dans la plus haute antiquité, dit-il, les peuples de l'Orient se sont dirigés par le cours de la lune combiné avec les étoiles, et ils ont appelé *maison*, *habitation*, palais de la lune, un certain amas d'étoiles dans lequel elle séjournait. Voilà, je crois, ce que nous pouvons appeler le vrai zodiaque ancien, avec lequel celui des Grecs n'a point de rapport. Ce zodiaque lunaire est encore connu de tous les Orientaux, et par une singularité extraordinaire, il s'est conservé chez tous le même et souvent avec les mêmes noms qui ne sont que traduits (avec le même sens) dans les différentes langues ; nous le retrouvons donc non-seulement chez les Arabes, mais encore chez les Cophtes, restes des anciens Egyptiens, chez les Perses anciens et modernes, chez les Indiens, et enfin chez les Chinois. Ce sont des traces précieuses de communauté qu'on n'a pas encore aperçues, parce qu'on néglige trop, parmi nous, l'étude de la littérature orientale. C'est en comparant ce que tous ces différents peuples ont écrit, qu'on peut parvenir à connaître leurs anciennes liaisons. Comme il s'agit ici d'astronomie, je n'ai point négligé ce que j'ai trouvé dans les livres chinois sur le ciel astronomique ou sur les étoiles connues à la Chine. J'ai rapporté les notions que les Arabes en avaient de celles des Chinois ; j'y ai joint en même temps celle des autres peuples asiatiques, autant qu'il m'a été possible, et c'est ce qui m'a convaincu que tous ces peuples avaient à peu près un même système bien différent de celui des Grecs. Cet examen exige des détails un peu étendus, et très-secs, mais j'espère que ce que nous en apprendrons des usages des anciens peuples de l'Asie, me servira d'excuse.

« Les mansions ou domiciles de la lune sont rapportés par tous les astronomes arabes. Aferghari indique et leurs noms et la place qu'elles occupent dans nos signes du zodiaque. (Il cite encore d'autres auteurs.)

« Les Cophtes ont encore ces mêmes constellations ; on peut soupçonner qu'ils les tiennent de leurs ancêtres ; on les retrouve en Perse dans les anciens livres tels que le *Bundehesch* ; probablement les Perses les tenaient des Babyloniens ; enfin elles existent dans l'Inde et surtout en Chine. Les Chinois les indiquent dans tous leurs livres astronomiques, dans leurs almanachs actuels. J'ai comparé ceux-ci avec ceux des Arabes, leurs noms, leurs figures et tout leur ciel astronomique d'après l'ouvrage de Matuon-lin, et d'après un autre état du ciel imprimé dans ces derniers temps sous le titre de *Tien ven-poce-tien-Ko*, et j'ai aperçu partout les mêmes rapports. On me répondra sans doute que, depuis l'établissement du mahométisme, les Arabes, qui ont beaucoup fréquenté la Chine, y ont porté la connaissance des vingt-huit constellations ; je l'avais cru d'abord, mais les ayant trouvées dans des livres plus anciens que le mahométisme, comme on le verra dans la suite, je suis autorisé à les regarder comme un monument de la plus ancienne astronomie asiatique ».

Plus loin il montre trois de ces constellations nommées dans le Chouking. Ici notre auteur donne la nomenclature comparée de ces constellations chez les Arabes, les Perses, les Indiens et les Chinois. Nous y renvoyons le lecteur curieux. Une des premières remarques de de Guignes, c'est que ces constellations prennent leur point de départ au bélier.

« Le P. Kircher », dit-il, « d'après un dictionnaire cophte et arabe trouvé en Egypte, indique les mansions de la lune suivant les Cophtes, avec l'explication arabe ; on voit par là leur accord avec celles des Arabes et leurs positions dans nos signes. Quoique les Cophtes commencent leur année au mois de septembre, l'auteur cophte ou arabe fait commencer cette liste par la mansion qui est au bélier. Ainsi elles sont dans l'ordre indiqué chez les auteurs orientaux.

« La comparaison que nous faisons nous fait connaître l'ancienne astronomie ; nous pouvons dire ancienne, car plusieurs des étoiles désignées avaient été adorées comme des divinités chez les premiers Arabes...

« Ce rapport entre les Chinois et les autres nations orientales, inconnu jusqu'à présent, m'a paru trop singulier pour n'être pas remarqué. Il prouve les liaisons fort anciennes des Chinois avec l'Egypte et les autres contrées. C'est ainsi que la Chine a été civilisée et instruite en adoptant (disons en emportant) les connaissances des autres peuples ; la lecture des monuments chinois en fournit une foule de preuves ».

Nous conseillons au lecteur qui aime la sérieuse antiquité de voir ensuite de ses propres yeux avec quel détail et avec quel soin minutieux de Guignes fait la comparaison de ces zodiaques avec les langues différentes et les signes particuliers de chaque peuple. Mais ce qu'il y a évidemment de plus frappant, c'est que leur nomenclature différente est *le plus souvent* la traduction d'un sens unique et universellement répandu du nom de chacune de ces mansions.

Ce savant se résume ainsi : « Voilà chez les Arabes, les Perses, les Cophtes, les Chinois et les Indiens, vingt-huit constellations qui portent chez toutes ces nations à peu près les mêmes noms, car on ne peut disconvenir que plusieurs de ces noms ne soient que les traductions l'un de l'autre ; elles occupent les mêmes places, et sont en général formées chez ces divers peuples des mêmes étoiles : plusieurs ont chez tous ces peuples le même nombre d'étoiles ; et si quelques unes en ont plus chez un peuple que chez l'autre, on a vu aussi que chez le même peuple on n'était pas toujours d'accord à cet égard ; ce qui vient de ce que les uns y ont compris de petites étoiles intermédiaires et peu visibles, que d'autres ont négligées ; et cela n'empêche pas qu'il s'agisse toujours de la même constellation ».

Comment ne pas admettre que ce système astronomique, si naturel et si simple, vient de la famille de Noé ? et peut être a-t-il été connu des hommes antédiluviens. C'est une supposition facilement permise et nullement téméraire.

L'illustre de Humboldt, à la fin de son deuxième volume, *Vue des Cordillères*, avait étudié le même sujet, et il commence ainsi le tome II :

« Nous venons de voir que les Mexicains, les Japonais, les Thibétains, et plusieurs autres nations de l'Asie centrale, ont suivi le même système dans les divisions des grands cycles et dans la dénomination des années qui les composent. Il nous reste à examiner un fait qui intéresse plus directement l'histoire des migrations des peuples, et qui paraît avoir échappé jusqu'ici aux recherches des savants. Je crois pouvoir prouver que les noms par lesquels les Mexicains désignent les vingt jours de leurs mois, sont ceux des signes d'un zodiaque usité depuis la plus haute antiquité chez les peuples de l'Asie centrale. Pour faire voir que cette assertion est moins hasardée qu'elle ne paraît d'abord, je vais réunir dans un seul tableau : 1° les noms des hiéroglyphes mexicains, tels qu'ils ont été transmis par tous les auteurs du XVI° siècle ; 2° les noms des douze signes du zodiaque tartare, thibétain, japonais ; 3° les noms des *nakchatras* ou maisons lunaires du calendrier hindou. J'ose me flatter que ceux de mes lecteurs qui auront

UNITÉ DE L'ESPÈCE HUMAINE. 9

examiné attentivement ce tableau comparatif, s'intéresseront aux discussions dans lesquelles nous devrons entrer sur les premières divisions du zodiaque.

| SIGNES DU ZODIAQUE. | | | | HIÉROGLYPHES des jours du calendrier MEXICAIN. | NAKCHATRAS ou maisons lunaires DES HINDOUS. |
Hindous, Grecs et peuples occidentaux.	Tartares Mandchoux.	Japonais.	Thibétains.		
Verseau.	Singueri.	Ne.	Tchip, rateau.	Cetl, eau.	
Capricorne.	Ouker.	Ous.	Lang, bœuf.	Cipacli, monstre marin.	Mahura, monstre marin.
Sagittaire.	Pars.	Torra.	Tah, tigre.	Oceloth, tigre.	
Scorpion.	Taoulaï.	Ov.	Jo, lièvre.	Tochotli, lièvre.	
Balance.	Lou.	Tates.	Bron, dragon.	Conatl, serpent.	Serpent.
Vierge.	Mogaï.	Mi.	Droul, serpent	Acatl, canne.	Canne.
Lion.	Morin.	Ouma.	Tati, cheval.	Tecpatl, couteau silex.	Rasoir.
Cancer.	Koin.	Tsitsouse.	Lon, bouc.	Ollin, chemin du soleil.	Traces des pieds de Vichnou.
Gémeaux.	Petchi.	Sar.	Prehou, singe.	Ozomatli, singe.	Singe.
Taureau.	Tukia.	Torri.	Tcha, oiseau.	Quantli, oiseau.	
Bélier.	Nokai.	In.	Chi, chien.	Itzcuintli, chien.	Queue de chien.
Poissons.	Gacai.	Y.	Pah, porc.	Calli, maison.	Maison.

« Depuis les temps les plus reculés », continue M. de Humboldt, « les peuples de l'Asie connaissent deux divisions de l'écliptique, l'une en 27, ou 28 maisons ou préfectures lunaires, l'autre en 12 parties. C'est à tort qu'on a avancé que cette dernière division ne se trouvait que chez les Egyptiens (ceci réforme de Guignes sur un point), témoins les ouvrages de Calidas et d'Amarsinh. Ainsi le zodiaque grec viendrait aussi du centre de l'Asie.

« En examinant attentivement les noms que les nakchatras ou hôtelières lunaires portent dans l'Hindoustan, on y reconnaît non-seulement presque tous les noms du zodiaque tartare et thibétain, mais aussi ceux de plusieurs constellations qui sont identiques avec les signes du zodiaque grec. Chaque nakchatras a 13° 20', et 2 1/4 nakchatras correspondent à un de nos signes ».

M. de Humboldt présente ensuite un tableau parallèle des signes du zodiaque indien avec les signes des maisons lunaires, et on y remarque une conformité qui persuade que le zodiaque solaire a été postérieurement formé sur celui de la lune.

« Il résulte de l'ensemble de ces considérations », dit le même savant, « que la division de l'écliptique en douze signes a probablement tiré son origine de la division en 27 ou 28 maisons lunaires, et que le zodiaque solaire a été primitivement un zodiaque lunaire, chaque pleine lune étant éloignée de la précédente à peu près de deux nakchatras et un quart, ou de 13° 20'. C'est ainsi que la plus ancienne astronomie se trouve liée aux seuls mouvements de la lune ».

L'auteur continue ensuite à signaler des ressemblances de dénominations des jours mexicains avec celles des signes du zodiaque thibétain.

Il fait remarquer le rapprochement si intéressant que nous avons déjà indiqué à l'occasion du déluge, c'est que les signes du zodiaque marqués par le Verseau et les Poissons ont rappelé les antiques traditions de Menou, Nocé, Teo-lipactli, Cox-cox, ces Deucalions célèbres du Mexique. M. Bailly avait fait la même remarque.

A la page 132, M. de Humboldt revient encore à cette idée, et il ajoute qu'anciennement la constellation de Deucalion était placée dans le signe du Verseau ; et comme les Grecs ont reçu leur zodiaque du Levant, on a là une probabilité nouvelle que le déluge de Deucalion remonte plus haut qu'il n'est marqué dans leur chronologie.

Cette période de 28 jours lunaires se trouve partagée de tout temps, dans la haute antiquité, en quatre par la semaine de sept jours que nous avons vue si anciennement et si universellement observée. Elle est aussi et très-manifestement une preuve de l'origine commune du genre humain et nous fait remonter à la création en six jours.

L'auteur de l'*Essai sur l'origine unique et hiéroglyphique des chiffres et des caractères,* p. 8, nous donne des preuves que plusieurs cycles, encore aujourd'hui suivis par les peuples les plus éloignés, et qui ont eu le moins de rapports entre eux, marquent l'origine commune de ceux qui en font usage.

Laissons parler l'auteur.

« Les cycles remarquables de la Chine et du Thibet dont nous avons parlé, et dont M. de Humboldt s'est servi si habilement pour établir d'une manière mathématique et positive l'origine asiatique des peuples américains ; ces cycles où nous voyons l'origine commune de nos chiffres et de nos lettres... Nous parlons en particulier des cycles encore célèbres actuellement dans la Haute-Asie, des dix jours ou *Jy,* des douze heures ou *chin,* autrement appelés les dix *kans* ou troncs, et les douze *tchy* ou branches (et ces cycles élémentaires forment le cycle séculaire de soixante ans, dont ils sont les multiples). Par la combinaison de leurs caractères deux à deux et par un artifice dont le mystère est très-simple, les premiers hommes en ont formé un cycle de soixante caractères. Ce cycle usité à Babylone, où il donna les *sosos* et les *néros* cités par Bérose, indiqués dans l'inscription de Rosette en Egypte, où il est question de périodes de trente ans ou demi-cycle, encore en usage aujourd'hui au lieu de nos siècles, dans l'Inde et dans toute la Haute-Asie; retrouvé bien que modifié, chez les Muyscas de l'Amérique, et dont les traces antiques se montrent également, soit dans l'arithmétique sexagésimale des Grecs et de Ptolémée, soit dans notre division actuelle du degré en 60', 60'', 60''', etc. »

Nous aurions pu prendre à la même source bien d'autres observations très judicieuses et fort intéressantes, mais les conséquences nous paraissent moins bien déduites. Nous nous contenterons de signaler l'ouvrage aux curieux.

Nous avons d'ailleurs tant de preuves, que nous ne pouvons les enregistrer toutes, tant la vérité de l'origine unique du genre humain se fait jour de toutes parts.

II. — La direction des migrations de tous les peuples atteste un berceau unique du genre humain.

Tout ce qui précède acquiert une nouvelle force quand on suit le mouvement et les migrations des peuples au début de l'histoire.

Nous prions le lecteur de se rappeler ce que nous avons dit précédemment sur le centre unique de civilisation. Tous les historiens sérieux, tous les monuments nous disent que c'est au centre de l'Asie que les fleuves des nations ont pris naissance, et de là se sont divisés jusqu'aux extrémités de la terre.

Bien des indices ont marqué la route suivie par les enfants de Japhet en-deçà et surtout au-delà de la mer Noire et de la mer Caspienne.

Cette étude ne fait que commencer, et, sans avoir dit son dernier mot, elle a déjà des données suffisantes pour rattacher toutes les nations de l'Europe au centre de l'Asie.

L'important ouvrage de M. Pictet, que nous avons cité, est une démonstration en règle de ce fait, et nous ne ferons aucun effort pour trouver d'autres preuves. Toute la race sémitique n'a aucun doute sur la même origine, et les pièces de conviction ne peuvent être récusées : nous passons donc aux Américains.

Voici les principales pièces qui attestent que l'Amérique a été peuplée par l'ancien monde :

« L'histoire toltèque », dit M. Domenech (*Voyage pittoresque,* pag. 22), « est la première dans l'ordre des annales américaines dont les fondements sont admis avec quelque certitude, par les écrivains qui ont tenté d'éclaircir les origines obscures de la civilisation mexicaine. Les historiens les plus graves qui existaient avant la conquête, Netyahualwyotsin, Xiciheozatsin, Huitzin et plusieurs autres, racontent que le dieu toltèque Nahuac-hachiguale-Ipalaemoani-Ilhuacahua-Haltilpac, c'est-à-dire le dieu universel, créateur de toutes choses, à qui obéissent toutes les créatures, Seigneur du ciel et de la terre, ayant formé tous les objets visibles, créa les premiers parents des hommes, dont tous les autres descendent, et leur donna pour habitation le monde, qui, selon ces historiens, eut quatre âges. Le premier commença à la création et fut nommé soleil des eaux, dans un sens allégorique, parce qu'il se termina par un déluge universel qui fit périr tous les hommes et les créatures. Au troisième âge apparaissent des géants ».

C'est au quatrième âge, qui doit se terminer par le feu, et à une époque qui correspond au troisième siècle avant Jésus-Christ, que l'historien mexicain place l'arrivée dans la Nouvelle Espagne de la nation toltèque. D'après les traditions quichès, la patrie primitive des Nahoas ou ancêtres des Toltèques, se trouvait vers un orient lointain, au-delà des terres et des mers immenses. C'est là qu'ils s'étaient multipliés d'une manière considérable, et qu'ils vivaient sans civilisation. Alors ils n'avaient pas encore pris l'habitude de s'éloigner des lieux qui les avaient vus naître ; ils ne payaient pas de tributs, et tous parlaient la même langue. Ils n'encensaient ni le bois, ni la pierre, et ils se contentaient de lever les yeux au ciel et d'observer les lois du Créateur.

Parmi les familles et les tribus qui supportaient le plus impatiemment ce repos et cette immobilité, celles de Tanub et d'Hocab se décidèrent les premières à s'éloigner de la patrie. Les Nahoas s'embarquèrent dans sept barques ou navires que Sahagun nomme *chicomostoc* ou les sept grottes. Faisons remarquer en passant que le nombre sept a été de tous les temps un nombre sacré parmi les peuples américains d'un pôle à l'autre. C'est à Panuco, près de Tampico, que ces étrangers débarquèrent. Ils s'établirent à Paxil, du consentement des Votanides, et leur Etat prit le nom de Huehue llopallan. Ils étaient venus du côté où le soleil se lève.

Il suffit, pour que le récit qui précède fasse une grande impression, qu'on soit assuré qu'il ait eu cours en Amérique avant l'arrivée de Christophe Colomb. Or, ce dernier point est hors de litige. — D'ailleurs les Quichès viennent confirmer cette relation. « Et leurs traditions », dit M. Domenech, p. 24, « sont plus explicites encore. Ils s'approprient cette première émigration et s'efforcent de rattacher leur berceau à celui des Toltèques auxquels ils avaient emprunté leur civilisation et leurs lois. Guatimala fut le terme de leurs émigrations, et Las Casas raconte à ce sujet que l'on conservait dans cette partie du Yucatan le souvenir de vingt chefs illustres venant d'Orient, débarqués en cet endroit un grand nombre de siècles auparavant. Ils étaient habillés de longs et amples vêtements, ils portaient de grandes barbes ». Puis cette histoire raconte les guerres à l'extérieur avec les Votanides et les autres.

Mais les documents historiques conservés par les Scandinaves, ne laissent subsister aucun doute. (Domenech, p. 37.) Les inscriptions islandaises et celtibériques trouvées dans les Etats du nord et de l'est de l'Union américaine, sur des rochers, des pierres et dans des tombeaux, sont venues confirmer les assertions des archéologues et des écrivains danois. D'autres données portent à croire que, dans le moyen âge, des Biscayens et même des Vénitiens avaient connu l'Amérique avant Christophe Colomb. Ces hardis navigateurs sont revenus après leurs échanges commerciaux, mais quelques-uns d'entre eux ont dû rester. Nous avons un passage important de Dicuil, abbé de Pahlacht en Irlande, en 825, tiré d'un manuscrit commenté par **M.** Letronne. Il établit que des Irlandais sont allés en Islande avant l'arrivée des Scandinaves dans cette île.

D'après des manuscrits scandinaves dans lesquels se trouvent les relations des premiers voyages des Normands en Amérique, et qui furent probablement compilés au xiie siècle par le savant Torsak Renalfson, auteur du plus ancien code ecclésiastique islandais, et petit-fils de Forfinn Karlsefne, qui commanda l'expédition la plus considérable qui fit voile à cette époque vers le nouvel hémisphère ; d'après ces précieux manuscrits, disons-nous, il paraît qu'en 983 le célèbre Arimarsson de Beykjonès, de la puissante famille islandaise d'Ulfe le Louche, faisant voile vers le sud, fut jeté par la tempête sur la côte américaine à laquelle il donna le nom d'Irland Mikla, ou la grande Irlande. En 986 Eric le Roux établit sur ces rivages la première colonie composée d'Islandais émigrés. Cette colonie fut fondée sur la côte du sud-ouest, où plus tard fut établi l'évêché de Gordar. Dans cette même année 986, Biarne Herjufson partit du Groënland, vit l'île Nantoucket à un degré au-dessous de Boston, puis la Nouvelle-Ecosse et enfin Terre-Neuve.

Cette histoire contient le récit des voyages qui depuis lors ont été successivement exécutés vers le nouveau monde.

Malte-Brun, de son côté, atteste d'autres émigrations vers les mêmes régions.

Nous ne croyons donc pas utile d'insister sur la certitude des émigrations nombreuses anciennes et modernes partant par le nord, l'ouest et le nord-est vers le nouveau monde. Nous n'avons plus besoin de recourir aux dialogues de Platon, aux remarquables paroles de Théopompe, d'Aristote, de Diodore de Sicile, au périple d'Hannon, qui s'élançait sur l'Atlantique 800 avant Jésus-Christ.

Nous ne faisons nullement l'histoire de ces voyages ; nous établissons le fait que la population américaine n'est pas isolée dans l'univers. C'est un mélange de toutes les races orientales et occidentales de l'ancien monde, ce qui lui donne une physionomie particulière ; mais comme d'après les justes observations de Humboldt, c'est du type mongol qu'elle approchait le plus, il est naturel de conclure que c'est cette race qui a fourni la plus grande quantité de sang au peuple américain.

On n'aura pas vu sans étonnement ce récit des naturels américains qui reportent l'origine de leur première émigration pour ainsi dire jusqu'au pied de la tour de Babel.

Nous nous arrêterons ici pour la première partie. Ceux qui voudront avoir des preuves plus nombreuses des émigrations, soit en Amérique, soit sur l'ancien continent, peuvent consulter Malte-Brun, MM. Pictet, Bonnetty, Humboldt, Domenech, Bourbourg, Balbi, etc.

Si on remonte tous les fleuves, ils conduisent plus ou moins clairement, plus ou moins directement vers l'Asie centrale.

III. — Preuves de l'unité de l'espèce humaine par l'histoire naturelle.

Considérations générales. — Jamais les savants des siècles passés n'ont révoqué en doute l'unité de l'espèce humaine. Aristote et Pline la supposent. Le premier de ces savants avait bien l'occasion de s'inscrire en contre, en parlant des esclaves. Dans son chap. 6 de la *République*, il méconnaît contre eux le droit naturel, et exalte cruellement la loi du plus fort ; mais enfin il suppose la même nature aux esclaves et aux libres. Dans son chap. 7 *sur les animaux*, il signale bien quelques similitudes du singe avec l'homme, mais en même temps il n'oublie pas sa supériorité, même physique. Déjà au chap. 1er il avait fait sa déclaration de philosophe et de naturaliste, en disant que « l'homme domine tout par la faculté de penser, par la connaissance du bien et du mal, de la justice et du droit, par son aptitude à créer des règles de discipline pour vivre en société ».

Pline, à son tour, relève les quelques ressemblances du singe avec l'homme, mais c'est après avoir mis l'homme, dans son fameux livre VII, à une hauteur où il domine le monde par la supériorité de ses facultés. Il montre l'homme resplendissant par le génie de Socrate, de Platon, de César, de Cicéron, etc... » Il a fallu descendre jusqu'à Lamark, Voltaire, Bory de Saint-Vincent, pour rencontrer des contradicteurs à cette légitime possession d'heureuses et utiles croyances.

L'unité de l'espèce humaine est attaquée aujourd'hui avec plus de violence que de sincérité ; et on comprend l'attitude d'un grand nombre de savants qui refusent de prendre au sérieux cette boutade matérialiste. Mais il est de la destinée de notre siècle d'avoir à y compter avec les erreurs les plus imprévues et les plus osées contre le sens commun, dans le champ de la science comme dans celui de la politique.

Les titres de noblesse de l'humanité ne sont pas seulement suspectés, ils sont foulés aux pieds. Entrons donc dans un débat auquel il est douloureux de prendre part, et voyons ce que désirent la nature, la science et le sens commun.

Définition de l'espèce. — L'*espèce* est l'ensemble des individus plus ou moins semblables entre eux, qui sont descendus de parents communs par une succession ininterrompue de familles. Au sein de l'espèce se forme la variété. Quand la variété devient héréditaire, elle constitue la *race*.

La race est donc l'ensemble des individus semblables appartenant à une même espèce, ayant reçu et transmettant par voie de génération les caractères d'une variété primitive.

Les idées fondamentales de cette définition de l'espèce et de la race se trouvent confirmées par les plus grands noms de la science de l'histoire naturelle.

« La nature, dit Buffon, a imprimé à l'espèce certains caractères inaltérables. L'espèce est une succession constante d'individus semblables et qui se reproduisent. L'empreinte de chaque espèce est un type dont les principaux traits sont gravés en caractères ineffaçables et permanents, quoique les touches accessoires varient ou puissent varier. La transformation des espèces est impossible [1] ».

Cuvier définit l'espèce : « La collection de tous les corps organisés, nés les uns des autres ou de parents communs, et de ceux qui leur ressemblent, autant qu'ils se ressemblent entre eux [2] ».

[1] Cité dans le *Monde primitif*, p. 184.
[2] *Philosophia botan.*, p. 99. 1770.

Selon Linnée, voici l'espèce : « Species sunt quot diversas formas ab initio produxit infinitum Ens : quæ formæ secundum generationis inditas leges produxere plures res sibi semper similes ».

M. de Candolle dit que l'espèce « est la collection de tous les individus qui se ressemblent entre eux plus qu'ils ne ressemblent à d'autres, qui peuvent, par une fécondation réciproque, produire des individus fertiles, et qui se reproduisent par la génération, de telle sorte qu'on peut, par analogie , les supposer tous sortis originairement d'un seul individu ». Pour Blainville, « l'espèce est l'individu répété dans le temps et l'espace ».

Pour M. Quatrefages, « l'espèce est l'ensemble des individus plus ou moins semblables entre eux, qui sont descendus ou peuvent descendre d'un couple primitif unique , par une succession ininterrompue de familles ».

M. Chevreul ne s'exprime pas d'une autre manière.

« L'espèce, dit Jean Muller, est une forme vivante qui reparaît avec certains caractères inaliénables dans la génération, et qui est constamment reproduite par la génération d'individus semblables ».

Selon Vogt, « appartiennent à une seule et même espèce, d'après l'état actuel de la science naturelle, tous les individus qui naissent de parents semblables, et qui eux-mêmes, ou dans leurs descendants, redeviennent semblables à leurs ancêtres [1] ».

On pourrait multiplier les définitions semblables, prises chez les naturalistes les plus en renom, et qui professent d'ailleurs les opinions les plus variées en matière de philosophie.

Il suit de là que la marque la plus positive et la plus fondamentale, la plus exclusive de l'espèce, est la fécondité continue, et ce principe s'applique aux plantes, aux animaux, comme à l'homme. L'épreuve de cette marque n'a sans doute pu s'appliquer universellement, soit dans le règne végétal, soit dans le règne animal, car il faudrait un temps infini ; mais on juge plusieurs espèces à ce point de vue par analogie. Or, pour les différentes races humaines, l'expérience est sans réplique.

Toutes les races humaines unies ensemble sont fécondes.

Il y a plus : la fécondité augmente, au lieu de diminuer, entre les races différentes.

Les degrés prohibés dans la parenté établie par l'Eglise pour les unions conjugales reposent, on ne peut en douter, sur cette sorte de considération, comme sur celle de la fraternité humaine.

Il est une autre loi de la nature qui confirme la précédente :

D'après Buffon, Cuvier et un grand nombre de savants distingués qui ont marché sur leurs traces, les croisements entre espèces différentes sont : 1° difficiles ; 2° quand ils peuvent avoir lieu, ils sont presque toujours stériles ; 3° quand ils sont féconds, le produit est généralement infécond, et, en définitive, il n'arrive jamais à une génération éloignée ; et si quelquefois le produit reste fécond, comme entre le bouc et le mouton, il y a promptement retour à une des deux espèces, et le *musmon*, qui est l'hybride de ces animaux, a complètement disparu. L'homme peut multiplier les races,

---

[1] V. *La Bible et la nature*, par le docteur Reusch, p. 433.

mais il ne peut multiplier les espèces, *species naturæ opus,* dit Linnée [1].

Bory de Saint-Vincent semble dire qu'il y a eu des alliances qui ont produit des parentés entre les singes et les nègres. M. le docteur Chenu lui répond qu'on a bien entendu parler d'enlèvements de nègres par des singes ; mais nulle part on ne peut citer un fait digne d'attention au sujet de métis qui en seraient sortis [2].

Parmi les preuves directes de l'unité de l'espèce humaine, il faut citer les suivantes : On trouve chez toutes les races humaines, et dans ce cercle seulement, la même structure anatomique du corps, la même durée moyenne de la vie, la même disposition à la maladie et à certaines maladies qui n'attaquent que cette espèce ; la même température moyenne du corps, la même vitesse moyenne dans les pulsations du pouls, la même durée de la grossesse. On ne trouve jamais une telle conformité dans les différentes espèces d'un genre ; elles ne se trouvent que dans les variétés d'une même espèce.

Par rapport à la taille, il n'y a pas non plus de différence essentielle, comme le remarque Burmeister [3]. « Les nations du Nord, dit-il, sont généralement d'une taille plus petite que celles des habitants des zones tempérées ; mais on n'y trouve point de véritables familles de nains. *Cinq* pieds, taille qui n'est pas dépassée par beaucoup d'Européens, forment un minimum au-dessous duquel une nation tout entière ne descend guère ; tandis que *six* pieds semblent être le maximum de hauteur qu'une nation tout entière puisse atteindre, bien que quelques individus, même en Europe, aient une taille encore plus élevée. Le rapport de la taille du Patagon à l'Esquimeau est à peine comme 3 est à 2. Au lieu qu'on a entre certaines variétés de chiens une proportion de 1 à 12 ; et des variétés de bœufs domestiques où la proportion est de 1 à 6 ».

Nous aurons plus loin l'occasion de rendre compte des variétés de l'espèce humaine. Il nous suffit ici d'établir les traits de conformité qui caractérisent l'espèce.

Nous verrons que l'anatomie seule creuse une séparation infranchissable entre l'homme et l'animal qui en approche le plus [4].

Mais voici le caractère qui place l'homme, comme dit Pascal, à une distance infinie des animaux qui sont au-dessous de lui : c'est l'intelligence, la raison.

Dieu a donné à l'animal les sensations et l'instinct : l'homme sait même rendre cet instinct de l'animal plus admirable en le formant par une répétition d'actes à des mouvements qui semblent le sortir du cercle étroit de ses habitudes instinctives. Mais on ne peut cultiver la raison là où elle n'est pas et où jamais elle n'a pu briller. Voilà l'apanage exclusif de l'homme ; avec sa raison, don du ciel, il embrasse la nature tout entière et s'élève au-dessus d'elle. Il en saisit les proportions ; il pénètre dans les détails jusqu'aux infiniment petits par la chimie et les microscopes que son génie a su inventer ; et, par ses calculs et ses heureuses hypothèses éclairées peu à peu

[1] V. *Revue des Deux-Mondes,* 15 mars 1869, article de M. Quatrefages.
[2] Docteur Chenu, *Les Quadrumanes,* p. 4.
[3] *Apud* Reusch, p. 481.
[4] Voir en particulier les cinq articles de M. Bianconi : *Considérations naturelles sur les prétendues affinités des singes et de l'homme,* dans les *Annales,* t. xi et xii (5e série).

de lumières nouvelles, il s'est élancé ux limites des mondes invisibles, il a deviné les lois les plus profondes du Créateur, il remonte les âges par l'histoire, il embrasse l'espace et s'élance dans l'avenir par la sagacité de ses conjectures ; enfin, il s'est élevé à la contemplation de l'harmonie universelle.

Nous n'avons aucun effort à faire pour montrer les produits du génie humain. Il est épanoui dans les ateliers, sur les voies ferrées et aux extrémités des fils électrisés d'un hémisphère à l'autre, dans les musées, dans les bibliothèques publiques. Que tous les matérialistes se réunissent donc pour apprendre au plus parfait animal seulement le premier principe d'une science quelconque, et même quelque chose d'utile pour lui, qui soit un progrès sur son immobile instinct. « Des voyageurs, dit Buffon, avaient accoutumé des orangs outangs à se chauffer à leur foyer. Ils y prenaient plaisir ; mais, abandonnés à eux-mêmes auprès de ce feu allumé, ils le voyaient tristement s'éteindre sans songer qu'ils pouvaient l'alimenter en y poussant de nouvelles bûches. Ne leur demandons pas ce qu'ils n'ont pas reçu ».

Aussi voyez comment l'homme est éminemment au premier rang dans la nature, comme il la domine ! Avec quelle facilité il dompte non-seulement les animaux si puissants par leur vigueur, mais encore les éléments, et les force à servir ses volontés et à contribuer à la satisfaction de ses besoins !

Dans ce rang élevé il forme un genre unique : *le genre humain.* Dans la classification des espèces, dans le tableau des êtres dressé par l'histoire naturelle, il ne doit pas être confondu avec des êtres qui sont à une si énorme distance de sa grandeur morale et même physique. Ce serait contraire à la science comme au sentiment moral.

Cependant cette injure ne lui a pas été épargnée depuis quelque temps, comme si la place que la Providence lui a donnée était une usurpation. Ici, nous rencontrons les adversaires de la dignité humaine. Commençons par ceux qui osent le faire descendre du gorille, du chimpanzé ou du pongo.

IV. — Système de Darwin.

Le naturaliste anglais Darwin n'a fait que réchauffer le système de Lamarck, en lui donnant l'apparence d'un plus grand appareil scientifique.

Selon lui, tous les genres, toutes les classes émanent d'un être commun, d'où toute vie dérive par voie de génération et de transformation, comme les variétés d'une espèce naturelle descendent du type normal de cette espèce. La vie s'est transmise par des transformations graduées, comme dans l'arbre la racine donne naissance à la tige, la tige aux branches, les branches aux feuilles, les boutons aux fleurs, les fleurs aux fruits. Ainsi, la totalité des êtres organisés viendrait d'un type primitif rudimentaire ; d'une première efflorescence de vie qui s'est épanouie avec le temps et par des efforts continuels dans toutes les directions.

Darwin invoque trois agents pour expliquer son système :

1° *La lutte* de la vie contre ce qui en arrête l'essor. C'est l'être qui tend à se développer, à agrandir, à perfectionner ses organes ;

2° *La sélection,* principe par lequel des êtres semblables, mais singu-

liers dans leurs espèces, s'unissent ensemble et produisent des espèces nouvelles ;

3° *Le temps*, et il en prend à son aise pour donner à sa transformation le loisir de s'accomplir.

Darwin consent à voir le bœuf descendre de la grenouille, et l'homme d'un végétal ; seulement, donnez lui du temps.

Cependant, pour être juste, disons que M. Darwin a mis un correctif à sa témérité : *Je ne prétends rien prouver, mais seulement soulever une question.* Etrange déclaration, qui montre avec quelle légèreté on jette des doutes invraisemblables à la face des vérités les plus respectées.

C'est avec Cuvier et les maîtres que nous allons examiner cette question. Mais que les savants ne s'y méprennent pas, la comparaison du singe avec l'homme est heureusement du domaine du sens commun. Et ici, il ne dépend de personne de forcer les convictions du genre humain. Les similitudes et les différences ne sont un mystère pour personne. Ici il ne faut ni profondes études, ni obscure métaphysique, avant de prononcer. Il ne suffit pas que quelques esprits aventureux émettent une opinion aussi hardie et réussissent à se faire lire et même applaudir dans quelques cercles, pour faire croire que l'univers est sur le point de penser sérieusement que des quadrupèdes sont nos ancêtres. Le jour où une telle doctrine passerait officiellement dans l'enseignement public, nous serions, il est vrai, dignes d'être dégradés ; mais tant qu'il y aura un homme sur la terre, la structure de son corps et la dernière étincelle de sa raison seront une protestation contre ce blasphème qui remonte jusqu'à Dieu ; car il attaque sa plus pure image.

Il me semble que, pour peindre d'un seul mot le système de Darwin au point de vue scientifique, on doit l'appeler un brillant jeu d'esprit sur l'appréciation des variétés. Il part, en effet, d'une idée vraie. Il constate une large place dans les espèces pour les variétés ; tous les naturalistes en conviennent. Ce fait est de sens commun. Mais ce système devient excessif et faux, quand il prétend que les variétés vont jusqu'à combler les différences d'une espèce à l'autre, et encore plus faux, quand il demande la transformation des espèces elles-mêmes. Nous avons des preuves pour la première partie de son système ; il n'en a pas une seule pour la seconde ni pour la troisième, et on ne fait pas de la science d'observation sans preuves, sans faits qui la confirment.

Si le système de M. Darwin est vrai, toutes les notions admises jusqu'ici sont bouleversées et fausses. Il faut anéantir les œuvres de Linnée, de Buffon, de Cuvier, de Lacépède, de Brongniard, de Flourens. de Muller, de Quatrefages, etc., parce que leurs divisions, leurs classifications reposent sur les définitions de l'espèce qui sont admises. Il faudrait bien en passer par là, si le naturaliste anglais nous apportait la vérité. Mais, que faut-il lui répondre, s'il nous offre un système sans base, sans preuves, et en même temps insultant pour l'humanité ?

Voyons les preuves ; voyons ce que dit la science.

L'ensemble des corps qui se partagent le domaine de la nature se divise en deux parties : les corps non organisés, c'est la matière inerte ; et les corps organisés. Ceux-ci se subdivisent en deux règnes : le règne végétal et le règne animal. Chaque ordre comprend des embranchements, chaque embranchement des classes, chaque classe des familles, des tribus, des genres, des espèces ; et enfin l'espèce des variétés. Les variétés dérivent les unes des autres, par voie de génération, et peuvent aisément se transformer, en s'éloignant ou en se rapprochant du type primitif.

Mais les règnes ne peuvent jamais se confondre, jamais les classes se transformer entre elles, jamais un genre donner naissance aux autres genres, ni une espèce à une autre espèce. Voil ce qui fait l'objet de l'enseignement public dans les pays civilisés et ce qui est enseigné par les savants de toutes les nations, et ce qu'on regarde comme une loi de la nature. Ces notions sont fondées sur des observations des milliards de fois répétées depuis deux mille ans. Il n'y a pas une loi du monde physique, y compris la loi d'attraction, qui soit mieux constatée.

Cependant, M. Darwin s'inscrit en contre. Mais à quel titre ? Eh bien ! c'est sans titre ; il ne présente que des conjectures et des hypothèses contre l'évidence.

En effet, on use de l'hypothèse dans les cas douteux, obscurs, là où la science n'a pas encore porté le flambeau de ses lumières et de ses définitions ; mais une hypothèse contre les choses constatées, cela ne s'est jamais vu, et est contraire à la marche des sciences d'observation.

Faisons l'application de ces principes si simples, et voyons s'ils sont contredits par les trois agents invoqués par Darwin. Son premier agent est celui de la *lutte (struggle for the life)* ; c'est un combat de l'être vivant contre tout ce qui arrête son essor.

Ce principe est-il faux ? Non, sans doute, s'il veut dire qu'un être organisé naissant tend avec énergie vers son développement final, et lutte contre les obstacles qu'il rencontre et qui peuvent arrêter ce développement ; en sorte que, si les obstacles sont bien et facilement écartés, il pourra devenir le plus bel individu de son espèce.

C'est cela qui se voit tous les jours.

Mais ce principe est faux, si on prétend qu'un être organisé quelconque, placé à sa naissance même dans les conditions les plus favorables, aura un développement assez heureux pour sortir de son espèce ou donner quelque signe qu'il tend à s'élever au-dessus de son espèce. Perfectionner son espèce, voilà une formule scientifique. Sortir de son espèce, même par tendance lente, mais observable, voilà ce qui est démenti par l'expérience. C'est de la pure fantaisie de savant.

Voici le second principe : *la sélection.* On suppose que des individus d'une même espèce, qui sont marqués par des singularités fortement accusées, s'accouplent ensemble, et que leurs descendants réussissent à opérer des accouplements dans la même tendance , dans la même direction. M. Darwin conclut qu'on aura à la fin une modification tellement profonde que l'espèce sera changée. Si cela est, prouvez-le. Où sont vos exemples? Vous avez pu obtenir par la sélection des centaines de races de chiens, de pigeons, de chevaux, de bœufs. Mais montrez-nous des chevaux qui aient produit des bœufs, des chiens qui aient fourni des ânes, et des singes qui aient donné des hommes. Comme on ne peut rien découvrir de pareil, il faut bien rentrer dans le sens commun des principes admis universellement.

Mais c'est peut-être l'application du troisième moyen, *le temps*, qui fournira à Darwin une démonstration. Il demande des siècles et des millions d'années pour arriver à ses résultats. Eh bien ! accordons-lui des siècles.

Vous en avez dans les temps historiques, et vous en avez d'incommensurables dans les fossiles paléontologiques. A-t-on trouvé des espèces en voie de se confondre avec les espèces voisines ? Pas une seule.

Pour les temps historiques, nous avons des observations qui remontent à plus de 2,000 ans. C'est un chiffre déjà respectable. Les espèces décrites par Pline et Aristote sont restées immobiles. Les temples et les hypogées d'Egypte nous ont transmis des grains de blé qui nous montrent une espèce invariable à travers 3 ou 4,000 ans. Il en est de même des corps humains embaumés, des nombreuses peintures qui nous représentent les animaux de ce pays. Il n'y a nulle transition insensible entre les espèces ; nos définitions d'aujourd'hui leur conviennent encore comme alors.

Ce n'est pas tout. La géologie vient à notre secours à travers des séries de siècles incalculables, telles que les demande Darwin. Elle nous montre un grand nombre de fossiles des espèces existantes qui remontent, dit-on, à des millions d'années, dans les terrains tertiaires et bien plus avant. Or, on les trouve avec les mêmes caractères qu'aujourd'hui, et les races intermédiaires qui doivent conduire d'une espèce à l'autre manquent à l'appel de nos théoriciens.

Ces races intermédiaires ont beau être enregistrées dans les colonnes de Darwin et de ses disciples, la nature ne les connaît pas. On a trouvé des crânes et des mâchoires humains dans les brèches osseuses, à Moulin-Quignon, qui remontent à la dernière limite des temps historiques, et on a constaté que ces fragments ne s'écartent point des variétés humaines actuellement existantes. Il y a eu des espèces existantes autrefois, et éteintes depuis ; mais la paléontologie les donne pour ce qu'elles sont, pour des êtres qui avaient leur place à part dans l'échelle des espèces, et ne se confondaient ni avec les supérieures, ni avec les inférieures.

Conclusion. Le système si retentissant de Darwin ne trouve pas un seul point dans la nature pour s'y appuyer, ni dans les êtres organisés contemporains, ni dans les âges historiques, ni dans les âges paléontologiques.

Nous n'ignorons pas qu'il y a des difficultés sérieuses en histoire naturelle pour la distinction de certaines espèces ; mais cette difficulté ne tombe pas sur les espèces d'un ordre élevé, surtout il n'y a aucun doute pour l'homme avec les premières espèces qui le suivent; or, c'est là qu'est l'intérêt capital de la question présente, soit qu'on l'avoue, soit qu'on le dissimule.

La théorie que nous jugeons n'est donc qu'une hypothèse qui n'a aucun caractère scientifique, que rien ne justifie, mais qui se place sciemment en dehors des faits de la nature, et qui ne peut faire avancer les sciences : elle peut faire honneur à l'esprit et aux connaissances approfondies de son auteur; mais la pensée principale reste une erreur.

Aussi le système de M. Darwin a rencontré la plus vive opposition de la part des naturalistes en grand nombre et de tous les pays. Nous citons d'Archiac [1], Flourens [2], Von Baer [3], *Quaterly Review* [4], *Edimbourg Review* [5], *Dublin Review* [6], *Rambler*, mars 1850, etc.

Nous n'ignorons pas qu'il a eu aussi des approbateurs, mais peu ont osé l'adopter sans de grandes réserves. Nous citons Lyell, Huxley, Scheiden, Rolle, O. Schmith, etc., et il ne manque pas d'un certain nombre d'adhérents en France. Y a-t-il jamais eu un siècle où les nouveautés aventureuses aient eu plus de chances de pousser que dans le nôtre ? Mais, en matière scientifique, ce qui ne peut se prouver est destiné à disparaître.

Il n'y a que l'ignorance crasse, dit le docteur Reusch [7], qui puisse parler de la théorie de Darwin comme ayant de la solidité ou comme appuyée sur des raisons valables. Cela est si vrai que son auteur dit sans détour, comme déjà nous l'avons remarqué, qu'il ne croit pas avoir résolu la question de l'origine des espèces, et qu'il n'a guère fait que la soulever. Une telle déclaration devrait dispenser de s'en occuper jusqu'à ce qu'on ait trouvé des raisons plus sérieuses, ce qui n'arrivera jamais.

Mais l'opinion publique est saisie de ce scandale, et il ne manque pas d'écrivains qui l'exploitent dans un sens qui ne favorise guère les principes sur lesquels repose l'ordre public. Ce système a si peu de consistance aux yeux même de ceux qui désirent le plus qu'il soit vrai, que l'incrédule Charles Vogt, qui admet la possibilité de la fusion de deux espèces très-voisines, regarde toutes ces théories simplement comme des absurdités. « Qu'on aille, dit-il, dans n'importe quelle basse-cour où l'on fait couver les canards par les poules, et l'on verra qu'il ne pousse point de membranes aux pieds des poules, et que les canards ne perdent point les leurs. Il n'est pas possible qu'un vadipède ait envie d'habiter sur la terre ferme ou dans les bois : la raison en est simple, c'est que son organisation le destine à patauger dans les marais ; car aucun animal ne peut avoir des désirs que son organisation ne lui permet pas de satisfaire, ou qui seraient en contradiction avec elle [8] ».

Il faut maintenant arriver au point capital de la discussion, là où est le vrai intérêt de la question. Il s'agit de savoir si l'homme peut descendre du singe. C'est une *espérance* que veulent se donner les matérialistes. Ils ne se résoudront pas aisément à y renoncer. Tout le bruit qui se fait autour du nom de Darwin, il faut bien l'avouer, ne vient que de là. Les prudents se gardent de l'avouer, et ils n'en restent pas moins passionnés. Mais il y a des savants qui mettent de côté tous les ménagements et qui font presque publiquement des vœux pour que la science découvre que l'homme n'a pas d'autre origine. Oui, il en est ainsi, et Vogt lui-même, qui vient de frapper si vertement le système anglais, ne le fait qu'avec un sentiment de dépit arraché par la vérité. Car, ailleurs, il veut bien admettre de ce système tout

[1] *Introduction*, II, p. 65.
[2] *Examen*, cité dans Reusch, p. 412.
[3] *Annales de théologie allemande*, VII, p. 169.
[4] Tome CVIII, p. 22.
[5] Tome CXI, p. 188.
[6] Tome XLVIII, p. 50.
[7] Page 412.
[8] Cité par Reusch, *ibid*.

ce qui ne lui paraît pas si manifestement mal prouvé. Il est donc bien reconnu que c'est une opinion philosophique, et une tendance matérialiste qui a passionné ce débat.

Il fallait des raisons bien puissantes pour en venir à soutenir une thèse aussi humiliante, pour braver l'opinion publique ; il ne fallait rien moins qu'une certitude. C'est tout le contraire. L'anatomie, comparée dans ses plus minces détails, prononce pour la dignité de notre espèce.

On nous objecte la similitude de l'espèce simienne avec l'espèce humaine.

Sans doute il y a des similitudes, et de nombreuses similitudes ; mais, ni séparément, ni toutes ensemble, elles ne peuvent prétendre à prouver que l'homme et le singe sont du même genre. Non-seulement l'intelligence le place à une hauteur inaccessible au singe, mais il le surpasse aussi essentiellement dans son être physique.

Voici la ressemblance du singe avec la structure du corps humain.

Le singe est le seul des animaux qui ait les mollets et les fesses charnues, quoique dans un degré bien moindre que l'homme, ce qui, cependant, semble le disposer à marcher debout : il est le seul qui ait la poitrine large, les épaules aplaties et les vertèbres conformées comme celles de l'homme, avec quelques différences que Cuvier nous marquera bientôt ; le seul dont le cerveau, le cœur, les poumons, le foie, la rate, le pancréas, l'estomac, les boyaux, soient absolument pareils ; le seul qui ait l'appendice vermiculaire au cœcum ; enfin, l'orang-outang ressemble plus à l'homme qu'aucun des animaux, par la largeur de son visage, la forme du crâne, des mâchoires, des dents, des autres os de la tête et de la face, par la grosseur des doigts et du pouce, par la figure de ses ongles aplatis, par le nombre de ses vertèbres lombaires et sacrées, par celui des os du coccix, par la conformité dans les articulations, dans la grandeur de la rotule, dans celle du sternum, par la facilité qu'il a d'imiter un grand nombre des actions de l'homme.

Nous ne rapportons pas ici les détails d'amours attribués, par certains voyageurs, au singe, que personne n'a pu vérifier depuis et qui ont été négligés par Cuvier, comme dénués de preuve.

Mais nous nous plaçons devant les ressemblances réelles, et nous allons encore les augmenter dans un sens, sans qu'elles soient un embarras pour la supériorité humaine.

L'homme est intelligence et matière organisée. Par ce côté inférieur, il est en rapport avec la nature ; le rapport est continuel, profond, universel. Il y a une échelle ascendante dans la série des créatures matérielles, depuis le minéral inerte jusqu'à la matière organisée ; dans les dernières espèces végétales jusqu'aux plus parfaits dycotilédones ; depuis les zoophytes jusqu'aux plus parfaits des animaux, c'est-à-dire l'éléphant, le chien et l'orang-outang.

L'homme est à la tête de cette série, qui est ininterrompue, car la nature évite les sauts. « La nature, dit Buffon, est constante dans sa marche ; elle ne va jamais par sauts : toujours elle est graduée et nuancée par des degrés insensibles. La Providence a voulu que les plus parfaits des animaux, dans cette immense série, ne fussent parfaits que parce qu'ils avaient plus de ressemblance avec l'homme ; comme l'homme n'est si prodigieusement au-dessus des plus parfaits des animaux que parce qu'il porte en lui la ressemblance de Dieu. Mais il a assez de dissemblance pour faire un règne à part [1] ».

Ce plan est plein d'harmonie et de grandeur ; il est digne de Dieu, auteur de la nature, dont il a trouvé tous les types particuliers dans sa pensée et dans son être infini.

Voilà pourquoi l'homme, roi de la création, représente parfaitement toute la création ; c'est un chef-d'œuvre qui réfléchit toute la série des êtres. Il tire sa force physique des minéraux, il végète avec la plante, il vit avec les animaux, et pense avec Dieu, l'ordonnateur suprême [2].

Doit-on s'étonner de sa ressemblance avec les êtres inférieurs, puisqu'il les représente et les reproduit tous. Il représente la nature, mais c'est pour la glorifier dans sa personnalité hors de pair. En philosophie, on appelle l'homme un *microcosme*.

Voilà ce que le simple bon sens saisit dans l'homme ; voilà ce que les philosophes de l'antiquité et les naturalistes, comme Aristote et Pline, avaient reconnu avec les lumières de la raison. Heureusement, malgré de regrettables discordances, voilà aussi ce que la science contemporaine, dans ses plus illustres et ses plus graves représentants, n'a pas hésité à établir.

Ecoutons Lacépède et Cuvier [3] sur cette question, qui a attiré toute l'attention de leur profond et lucide génie. Ils commencent par reconnaître quelques rapports de conformation.

« Le seul visage de l'orang, dit Buffon [4], diffère de l'homme par le nez, qui n'est pas proéminent ; par le front, qui est trop court ; par le menton, qui n'est pas relevé à la base ; il a les oreilles proportionnellement trop grandes, les yeux trop voisins l'un de l'autre, l'intervalle entre le nez et la bouche est aussi trop étendu.

Pour le reste du corps, les cuisses sont relativement trop courtes, les bras trop longs, les pouces trop petits, la paume des mains trop longue et trop serrée, les pieds faits plutôt comme des mains que comme des pieds humains.

« L'intérieur de cette espèce diffère de l'espèce humaine par le nombre des côtes. L'homme n'en a que douze, l'orang en a treize. Il a aussi les vertèbres du cou plus courtes, les os du bassin plus serrés, les hanches plus plates ; il n'a point d'apophise épineuse à la première vertèbre du cou ; les reins sont plus ronds que ceux de l'homme ; la vessie et la vésicule du fiel sont plus étroites et plus longues que dans l'homme. Enfin, d'après les mesures prises et comparées par Cuvier, l'angle facial, auquel on attache, non sans raison, de l'importance, a une ouverture de 70 degrés dans l'homme le moins favorisé, et il va de 50 à 63 dans les animaux les mieux favorisés. Voilà l'ensemble des différences purement physiques ; encore faut-il prendre l'angle facial de l'orang quand il est jeune ; car, plus il vieillit, plus son

---

[1] Buffon, *Hist. nat.*, t. xxxv, p. 18.
[2] V. Reusch, p. 573, *Fixité de l'espèce*.
[3] Cité par Latreille, t. xxv, p. 164.
[4] *Œuvres*, t. xxxv, p. 202.

museau s'allonge. En vieillissant, cet animal devient hideux, intraitable et cruel ».

Peut-on comparer la main du singe avec celle de l'homme, dit le docteur Chenu, p. 6? Oui, répond-il ; mais c'est pour mieux en faire sentir la différence. Ces animaux ont les pouces très-courts, très-écartés des autres doigts, auxquels ils s'apposent d'une manière restreinte, et bornée au service seulement des besoins matériels ; les autres doigts, grêles, allongés et dans une dépendance mutuelle pour leurs mouvements, d'après la position des muscles fléchisseurs. Jamais ses mains ne se montrent les auxiliaires de la pensée qui n'existe pas ; tandis que chez l'homme, on l'a dit souvent, le geste est la moitié de la pensée, et quand la parole manque, il la supplée.

Le docteur Chenu cite fort à propos Mathieu Palmière : « Avec les mains, on appelle et on chasse, on se réjouit et on s'afflige, on indique le silence et le bruit, la paix et le combat, la prière et la menace, l'audace et la crainte ; on affirme et on nie, on expose, on énumère. Les mains raisonnent, disputent, approuvent, s'accommodent enfin à toutes les dictées de notre intelligence ».

Si donc le singe avait une étincelle de cette intelligence, elle s'en échapperait par ses mains, au défaut de la parole. Mais laissons cette hideuse caricature de l'homme à sa place, et, de tout ce qui précède, tirons pour conclusion que le singe n'est pas fait pour marcher sur ses deux pieds de derrière : c'est par intervalles seulement, et avec effort et peine, qu'il marche quelque peu en cette position. Il doit souffrir étant appuyé sur les pieds de derrière ; ses muscles ne se prêtent que difficilement à cette opéartion. Mais, en revanche, cette structure est admirablement appropriée pour grimper sur les arbres. Aussi c'est ce qu'il fait : il est là dans sa vraie retraite. Il s'accroche aux branches par quatre crampons aussi merveilleux par leur vivacité, leur adresse, que par leur force. La terre, c'est le lieu de la pâture du singe, les arbres sont sa cité. Ses yeux ne sont pas placés pour contempler le ciel. Cet animal n'a que deux soucis : la nourriture et la précaution contre ses ennemis.

Au reste, si nous trouvons quelque ressemblance du singe avec l'homme, ce n'est pas pour admirer cette bête ; car ce sont des caricatures plutôt que des ressemblances. Est-ce que les hideuses grimaces du singe nous rappellent la dignité humaine? Même dans les traits des sauvages, il y a encore un reste de la grandeur humaine, dont il n'y a pas de trace dans la figure chétive, ridée et bistrée du singe. Quels gestes, quelle tenue, dans ce quadrupède, le plus laid des quadrupèdes, l'un des plus mal partagés sous bien des rapports?

Qui croira que Maupertuis était sincère lorsqu'il ne rougit pas de dire : « Je préfère quelques heures de conversation avec les hommes à queue, au cercle des plus beaux esprits de l'Europe ».

Qui croira que nos modernes Maupertuis sont sincères lorsqu'ils débitent la même absurdité dans leurs phrases d'une apparence plus froidement scientifique, pour simuler la bonne foi à défaut de raison.

Mais ces vérités vont être mises dans un plus beau jour en observant le côté intellectuel du singe.

Il faut des connaissances spéciales pour juger le singe par le côté anatomique; mais, pour le comparer à l'homme pour l'intelligence, tous les hommes de bon sens deviennent juges. Chacun comprendra la justesse et l'à-propos des judicieuses observations de Buffon sur ce sujet :

« Quelque ressemblance qu'il y ait donc entre l'homme et le singe, l'intervalle qui les sépare est immense, puisqu'à l'intérieur il est rempli par la pensée, et au dehors il a la parole ».

Ensuite il compare l'éducation de ces deux êtres :

Il y a deux éducations qui me paraissent devoir être soigneusement distinguées, parce que leurs produits sont fort différents : L'éducation de l'individu qui est commune à l'homme et aux animaux, et l'éducation de l'espèce qui n'appartient qu'à l'homme. Cette distinction marque, en effet, une prodigieuse différence. Par l'instinct, l'animal apprend de *soi-même*, en recevant seulement les soins physiques, tout ce que savent ses parents, et cela en très-peu de temps.

« C'est tout différent pour l'homme. Il faut à la faiblesse de l'enfant des soins continuels et longtemps prolongés. En soignant le corps, dit Buffon, les pères et mères cultivent l'esprit; le temps qu'il faut au premier tourne au profit du second. C'est que l'exercice de l'intelligence ne s'obtient que par la sollicitation d'autres êtres déjà en possession de leur raison en plein exercice. C'est que l'homme est un être né pour la société, et il y est attaché par des liens multipliés à l'infini ».

Qu'il faille des efforts prolongés et bien des années pour former la raison humaine, c'est un fait palpable. C'en est un autre que les animaux n'ont pas cette peine, parce qu'ils sont privés de raison. C'est une éducation qu'ils n'ont pas à faire, leur instinct ne dépend pas de leur volonté, pas plus que leur respiration. L'orang-outang est comme tous les autres, il reste dans la catégorie des animaux.

Ici, Buffon nous dit très-ingénieusement : « Parmi les animaux mêmes, quoique tous dépourvus du principe pensant, ceux dont l'éducation (ou plutôt le développement physique) est la plus longue, sont aussi ceux qui paraissent avoir le plus d'intelligence; l'éléphant, qui de tous est le plus longtemps à croître et qui a besoin du secours de sa mère pendant toute la première année, est aussi le plus intelligent de tous. Le cochon d'Inde, auquel il ne faut que trois semaines d'âge pour prendre tout son accroissement et se trouver en état d'engendrer, est peut-être par cette seule raison l'un des plus stupides... Quant au singe, les soins de sa mère ne lui sont nécessaires que pendant les premiers mois[1] ».

De ce côté, il n'est pas rangé parmi les animaux privilégiés.

« Il est donc animal, dit le même auteur, et malgré sa ressemblance avec l'homme, bien loin d'être le second dans notre espèce, il n'est pas le premier dans l'ordre des animaux, puisqu'il n'est pas le plus intelligent...

« Le singe ressemble plus à l'homme par le corps et les membres que par l'usage qu'il en fait... Ses mouvements sont brusques, intermittents, précipités; ses actions inconséquentes, ridicules, extravagantes, parce qu'en les rapportant à nous, nous nous trompons d'échelle ».

[1] Buffon, *ibid.*, p. 43, 44.

Cette dernière expression du grand naturaliste est un trait de génie.

« Le singe, dit-il encore, est indocile, insensible aux caresses, n'obéit qu'au châtiment, et se place ainsi bien au-dessous du chien ; on le dompte plutôt qu'on ne le rend privé. On peut le tenir en captivité, mais non en domesticité ».

A plusieurs animaux on peut communiquer quelque chose des sentiments doux et délicats de l'attachement ; au singe, jamais !

Voici la conclusion de notre auteur : « Le singe est donc plus loin de l'homme que la plupart des autres animaux ».

Si l'homme vient du singe, pourquoi celui-ci ne reproduit-il plus l'espèce humaine ? La nature se déjuge donc, elle donne à elle-même un démenti.

Le singe du xix⁰ siècle est le même que celui du temps d'Aristote. Il est immobile. Il est aussi stupide que dans les premiers siècles. On a vu des singes en Afrique se réchauffer avec plaisir près du feu allumé par des voyageurs. Mais leur intelligence ne va pas à attiser le feu lorsqu'il s'éteint, à le renouveler en posant de nouvelles branches. Il n'a jamais eu la pensée de se faire quelque chose de raisonné qui soit utile à son espèce, d'avoir un esprit de suite et de prévoyance qui aille au-delà de son instinct d'animal. S'il n'a pas la parole, ce n'est pas seulement parce Dieu lui a refusé les organes de l'articulation, mais surtout parce qu'il ne pense pas. En un mot, il n'est ni parlant, ni perfectible dans son espèce.

Or, entre l'être qui pense et celui qui ne pense pas, il y a l'infini ; on ne trouvera jamais la pensée là où la providence ne l'a pas mise, et là où elle se trouve, elle brille d'un éclat qui lui est propre. L'instinct des animaux a sans doute quelque chose de surprenant, mais il roule dans un petit cercle infranchissable. La pensée humaine n'a pas de limites, avec le raisonnement il relie le passé et l'avenir avec le présent, les choses obscures sont comparées avec les présentes ; il s'élève jusqu'à la connaissance de l'harmonie universelle. C'est vraiment l'image de Dieu sur la terre.

Hâtons nous de terminer cette douloureuse étude dans ce parallèle humiliant pour la plus noble créature de Dieu. Ce sujet serait moins triste si les adversaires que nous rencontrons ici avaient eu seulement la pensée erronée d'élever le singe jusqu'à nous, ce qui serait déjà une déplorable aberration ; mais il y a plus, ils voudraient abaisser l'homme jusqu'au singe, en lui refusant la possession de son âme, et ils aspirent à trouver des preuves qui constatent que l'homme n'a qu'un instinct plus développé que le singe ; mais que sa pensée n'est qu'un fait passager de son organisation matérielle, un effet éphémère qui s'évanouit avec la cause.

Serait-ce qu'on désire échapper à la responsabilité humaine, et que toutes les actions sont indifférentes ?

V. — Système de Huxley.

L'anglais Huxley est le continuateur de Darwin. Je viens de lire la traduction française de son livre, qui poursuit par un de ses côtés la thèse du transformisme.

Le traducteur, M. Dally, la corrobore dans une longue introduction. Il a voulu donner la raison philosophique du matérialisme. Vous y voyez briller des lumières comme celles-ci : il dit avec Alfred Maury : « Supprimez le monde, et l'Etre suprême ne devient plus nécessaire : le néant seul peut être conçu ».

Mais de quel droit suppose-t-on que l'Etre nécessaire ne se suffit pas à lui-même, et que l'infini n'est pas indépendant du fini ?

Comment soutenir, contre le sens commun, que l'ordre universel et une existence éternelle trouve son principe et sa raison dans une matière brute et inconsciente d'elle-même ? Quoi ! la sagesse, la raison, l'ordre vient de l'absence de raison ! vous ne voulez pas de la création de la matière *ex nihilo*, et vous admettez, ce qui est infiniment plus difficile, la naissance de l'intelligence *ex nihilo*, comme si la matière pouvait produire ce qu'elle n'a pas. Vous admettez même que le monde marche comme s'il était conduit par une sagesse et une intelligence dont on ne peut pénétrer la profondeur et les admirables effets ; et cela sans qu'il y ait intelligence. Avant de nous déposséder de nos croyances, donnez vos preuves. M. Dally en a si peu que, à la page 15, il déclare positivement : « Des causes nous ne savons rien ». Avouez du moins qu'il y en a une, et n'admettez plus d'effet sans cause, et d'ordre sans ordonnateur.

M. Dally ne se rendra pas ; il regarde « comme dangereuse l'hypothèse d'une force unique, dont l'action secrète déterminerait les formes apparentes des choses ».

Voilà une théophobie bien caractérisée. Cela veut dire qu'on doit se passer de Dieu et qu'on peut expliquer scientifiquement l'univers sans lui. Mais si Dieu y est réellement, comme le sens commun le veut, ces phrases superbes ne l'en chasseront pas ; et comme Dieu est la première et fondamentale vérité, les vérités dérivées ne se débrouilleront pas si ce n'est à la clarté de cette source lumineuse.

M. Dally va nous en donner la preuve. Quoiqu'il ne « sache rien des causes », il en a imaginé une ; et vous allez juger cette invention qui doit supplanter la divinité. (p. 21.)

« La voie la plus simple est d'admettre que les germes d'un monde organique dispersés dans l'espace se sont développés le jour où ils ont trouvé dans les mers primitives, ou sur le sol, les conditions nécessaires à leur éclosion ». Mais les mers elles-mêmes, et les continents, et les mondes, viennent-ils ausssi d'un œuf ? Convenons que ces œufs, en germes, se promenant dans les espaces pendant une éternité, et qui trouvent enfin l'à-propos d'une mer et d'un sol tout préparés, remplacent bien avantageusement notre Dieu tout-puissant.

Mais, avec ce système de germes partout répandus, nous devons avoir des générations spontanées à l'infini. Pourquoi n'en trouve-t-on nulle part ? Et on nous dit gravement que c'est là de la science, et que l'idée de Dieu n'est pas scientifique !

Laissez, s'il vous plaît, ces messieurs entrer dans quelques détails, et vous aurez de plus en plus une idée de la force et de la lucidité de leur science.

Tout le système de Darwin et de son école repose sur cette formule qui favorise le transformisme :« Les organes ne sont pas faits pour les fonctions; mais les besoins déterminent et font les organes ». Ce jargon métaphysique se réduit à ce cercle vicieux : Il faut se servir de ses organes avant de les avoir. En effet, où sont les organes sans besoins? et y a-t-il des besoins avant l'existence des organes? *Ignoti nulla cupido.*

Les organes ne sont pas faits pour la fonction ; c'est comme si on nous disait : Vos yeux n'ont pas été faits pour voir, vos oreilles pour entendre, votre langue pour parler, ni les pieds pour marcher : c'est un heureux hasard qui les a adaptés aux besoins, et ce sont les besoins qui les ont déterminés et perfectionnés. Dans la confection du monde le hasard n'a eu ainsi que des chances heureuses à l'infini, et pas une chance de désordre. Jamais les yeux ne se sont placés aux pieds, jamais les muscles n'ont pris naissance pour entraver les mouvements, mais c'est par hasard qu'ils se sont adaptés aux mille combinaisons de la dynamique la plus admirable pour exécuter tous nos mouvements.

Cette étrange hypothèse est donc absurde dans son principe, elle l'est encore dans ses conséquences. Les transformistes veulent que tous les organes s'en aillent toujours en se perfectionnant. Nous admettons ce perfectionnement d'un individu dans la limite de ses facultés et puissances natives, mais nous repoussons la transformation des organes de l'espèce, et nous répondons par l'histoire. Les Grecs du temps de Périclès, qui élevèrent le Parthénon avec ses merveilles, et qui ont produit tant de chefs-d'œuvre, avaient assurément tous leurs sens bien fins et bien développés. Demandez donc aux Athéniens du XIXe siècle, si pendant trois mille ans d'exercice leur regard est plus fin, leur tact plus délicat...? Demandez aux peuples les plus civilisés qu'ils produisent des œuvres, je ne dis pas plus parfaites, qui s'élèvent à cette perfection. Il suffit de faire ces rapprochements pour ruiner les principes fondamentaux du transformisme.

Laissons la philosophie de M. Dally, et demandons à M. Huxley s'il a rendu plus plausible la thèse de M. Darwin, et s'il nous prouve que l'homme n'est que le premier des singes.

L'ouvrage de M. Huxley, comme celui de M. Darwin, est d'un homme habile et bien renseigné sur la matière qu'il traite, et on ne regrette que plus vivement qu'il donne à son talent une fausse direction. Après toutes les peines qu'il a prises en faveur de ses singes, ses bien-aimés clients, qui cependant ne devaient pas espérer un avocat aussi distingué, nous ne voyons pas qu'il faille modifier les conclusions que nous avons posées plus haut, qui établissent la supériorité incomparable de l'homme sur le singe.

Bien au contraire, ces conclusions se fortifient encore. L'ouvrage d'Huxley nous fournit des renseignements très-nombreux et très-precis, qui, sur plusieurs points, rendent la différence entre les deux espèces encore plus tranchée.

Il résulte de l'ensemble des faits qui y sont réunis pour déterminer les mœurs et les habitudes des singes, que leur activité et leurs aptitudes ne peuvent se mouvoir que dans un cercle très-restreint. Le singe est un grimpeur, il n'est point conformé pour vivre habituellement sur la terre. Il y marche péniblement, sa marche n'a pas la sûreté qu'il possède sur les arbres. Sur la terre, dit Huxley (131, 132), il ne peut s'avancer que par sauts successifs, il chemine en se dandinant à droite et à gauche ; le plus souvent il pose ses mains des membres antérieurs sur la terre, quelquefois il met ses mains sur le cou : et jamais il ne parvient à obtenir la position vraiment verticale de l'homme. Ses deux énormes membres antérieurs l'entraînent vers la terre. Ajoutons à ces considérations ce que nous avons constaté plus haut avec les naturalistes et ce qui est admis par Huxley : que le singe manque de calcanéum, que dans sa marche sur la terre ses deux pieds des membres inférieurs reposent sur le bord extérieur et non à plat ; que ses muscles fléchisseurs des cuisses sont attachés, de manière à se prêter bien mal à la marche verticale, et il faudra déjà conclure que les plus parfaits des singes ne sont pas faits pour vivre habituellement sur la terre. Mais la scène change tout à coup à leur avantage, si vous les considérez voyageant d'arbre en arbre dans les forêts.

J'ai dit que l'arbre était la vraie cité du singe ; grâce aux nombreux renseignements que je trouve dans Huxley, cette vérité va devenir saisissante. On ne trouve le singe que dans les forêts épaisses de l'Asie ou de l'Afrique équatoriale. (P. 128.) Il ne mange aucune espèce de chair. C'est sur les arbres qu'il trouve à peu près toute sa nourriture, des noix et d'autres fruits ; c'est sur les arbres qu'il trouve une retraite contre ses agresseurs. Il sait y trouver des moyens de défense : il brise les branches et en envoie les éclats sur ceux qui le poursuivent, il cueille les fruits quelquefois épineux et les lance avec force. Tous les singes fuient devant leurs adversaires, même moins forts qu'eux, parce qu'ils préfèrent la sécurité de leur retraite sur leurs arbres protecteurs. Il n'y a d'exemption que pour le gorille mâle, qui a une force et une cruauté exceptionnelles. Je trouve dans Huxley (p. 133) une page des plus intéressante pour nous donner une idée vraie de cet animal.

Il est presque impossible de trouver des mots qui donnent une idée de la vélocité et de la grâce adroite de ses mouvements[1]. On peut en quelque sorte les appeler aériens, car elle semble effleurer à peine les branches au milieu desquelles elle exécute ses mouvements ascensionnels. Ses mains et ses bras sont ses seuls organes de locomotion. Son corps, suspendu comme par une corde, étant soutenu d'une main (la droite, par exemple, elle se lance, par un mouvement énergique, d'une branche lointaine qu'elle saisit de la main gauche. Mais cet appui n'est que momentané ; l'impulsion nécessaire pour un nouvel élan est acquise. La branche désirée est de nouveau saisie par la main droite et quittée instantanément, et ainsi alternativement d'une branche à l'autre. De cette manière, elle franchit des espaces de douze et de dix-huit pieds avec la plus grande facilité pendant des heures, sans la plus légère apparence de fatigue ; et il est évident que si l'espace était plus grand, elle pourrait franchir des distances excédant de beaucoup dix-huit pieds ; de sorte que l'étonnante assertion de Duvancel, qu'il a vu ces animaux se lancer d'une distance de quarante pieds d'une branche à une autre, peut être tenue pour vraie. Parfois, en saisissant une branche dans sa course, elle se jette par la force d'un seul bras en tournant autour de cette branche,

---

[1] *L'hylobate agilis,* au jardin botanique, en 1840.

et fait cette évolution avec une telle rapidité, que l'œil ne peut la suivre ; elle reprend ensuite sa course avec une nouvelle rapidité. Il est curieux d'observer avec quelle soudaineté s'arrête le gibbon, quand il semblerait que la vitesse acquise par la rapidité et par la distance de ses sauts d'escarpolettes dût exiger une diminution graduelle de ses mouvements ; c'est tout d'un coup, au milieu de cette course furieuse, qu'une branche est saisie, le corps soulevé, et qu'on la voit par un effet magique, tranquillement assise, embrassant une branche de ses pieds. Tout aussi soudainement elle se lance de nouveau dans l'espace. Les faits suivants donneront quelques notions sur sa dextérité et sur sa vélocité. Un oiseau vivant fut lâché dans sa cage. Elle étudia son vol, elle fit un long saut à une branche distante, saisit l'oiseau d'une main à son passage et de l'autre atteignit la branche ; cette double visée à l'oiseau et à la branche étant aussi facilement atteinte que si un seul but avait occupé son attention. On peut ajouter qu'après lui avoir enlevé la tête d'un coup de dent, elle lui arracha les plumes et qu'ensuite elle le rejeta sans même tenter de le manger. Dans une autre circonstance, cette femelle s'élança d'une perche à travers un espace qui mesurait au moins douze pieds de large, contre une croisée qui, pensait-on, devait être immédiatement brisée. Il n'en fut point ainsi à la grande surprise de tous les spectateurs : elle étreignit avec sa main l'étroite charpente qui existe entre les carreaux, puis, au bout d'un instant, saisit le mouvement opportun et se lança de nouveau dans sa cage qu'elle avait quittée, ce qui exigeait nonseulement une grande force, mais la plus merveilleuse précision ».

Un savant qui embrasse avec joie le système de la parenté de l'homme avec le singe, Charles Vogt, a eu cependant le courage de signaler très-vigoureusement les différences. (V. Reusch, p. 150.)

Je ne citerai que les traits principaux. « Ce qui distingue absolument l'homme du singe, c'est la station verticale, qui est chez lui une propriété essentielle à sa nature, au lieu que le singe ne l'occupe qu'accidentellement, et lorsqu'il y a été contraint par l'éducation. Chez l'homme les bras pendent librement le long du corps, et se prêtent aisément à toutes sortes de fonctions...; chez les singes, au contraire, la main antérieure est, aussi bien que celle de derrière, un appareil propre à saisir et à grimper : s'il veut marcher sur le sol uni, il est obligé de s'appuyer après quelques pas sur sa main antérieure, ce qui lui donne une position oblique... »

Je n'insiste pas sur les nombreuses et considérables différences de longueur des membres, non-seulement dans leur ensemble, mais donnant le détail des chiffres pour chaque portion : L'homme a, toute proportion gardée, le bras plus court, la jambe plus longue et plus forte que le singe. Si l'homme veut occuper la station quadrupède, il faut qu'il allonge ses bras et replie ses jambes... (Cette marche lui est interdite par sa structure.)

Burmester désigne le pied comme le trait distinctif de l'homme.

Par rapport au développement des deux parties dont se compose la tête, le crâne et la face, chez l'homme la première l'emporte considérablement sur l'autre, au lieu que chez le singe leur développement est égal, ou plutôt la face l'emporte sur le crâne.

M. Vogt mesure ensuite les deux espèces de crânes sous toutes leurs formes et dimensions, et en fait sortir une multitude de différences, dont nous avons déjà fait remarquer un bon nombre.

Nous trouvons dans M. Reusch une réfutation très-claire d'un endroit important du livre de Huxley, c'est celui où il reproduit avec beaucoup d'art, par un dessin bien étudié, les crânes des diverses espèces de singe placés sur une ligne droite, en gradation ascendante, qui se termine par le crâne humain; de telle sorte qu'à la première vue l'homme semble être à la même distance au-dessus du chrysotrix, que celui-ci est au-dessus du gorille. Mais le docteur réduit à sa juste valeur cette gradation trop prétentieuse. Si nous désignons, dit-il, les divers degrés de développement par 1, 2, 3, 4, 5, 6, 7, 8, 9, 10, nous aurons à peu près 15 pour le cerveau de l'homme. On peut dès lors dire : il est vrai qu'il y a moins de distance entre 10 (gorille) et 15 (homme), qu'entre 10 et 1 (lémur). Mais qu'alors on oublie la circonstance très-importante qu'entre le gorille et le lémur il y a une longue série intermédiaire, et que l'on n'a pas de série entre le gorille et l'homme.

Cela est si vrai que Huxley lui-même a fait l'aveu ailleurs, que les différences entre le crâne d'un homme et celui d'un gorille sont énormes. (Géol. Bilder, I. p. 63, 142.)

Dans le même travail, M. Vogt, avec une sincérité très-nette, confirme toutes les autres différences entre les deux espèces et que nous avons fait connaître dans le précédent article d'après les meilleurs naturalistes. Il est vraiment étonnant qu'après ces aveux Charles Vogt conserve encore de l'espoir de découvrir une parenté entre nous et les singes. Cet esprit, d'ailleurs si brillant, est obscurci par une espèce de passion pour l'athéisme.

Mais il y a un autre point de vue, dit le docteur Reusch, et la science ne peut en faire abstraction, c'est que l'homme est doué d'une âme intelligente et libre, et cette prérogative fait que l'homme ne doit être rangé absolument ni dans la classe des mammifères, ni dans le cercle des vertébrés, ni même dans le règne animal. Il forme à lui seul un règne particulier dans la nature, comme l'admettent Isidore Geoffroy, Saint-Hilaire et M. Quatrefages. Il faut croire que M. Vogt est terriblement embarrassé par cette supériorité si visible dans l'homme, puisqu'il a eu recours, pour déguiser cette supériorité, à une sottise inexprimable, dit M. Reusch. Que dire de lui, quand il avance que les coups que les jeunes ours reçoivent des vieux prouvent « évidemment » que les animaux ont aussi la notion de l'autorité paternelle et de l'obéissance filiale, et que « par conséquent ils ne sont pas étrangers aux notions fondamentales de la morale humaine et chrétienne? »

Je ne cite pas d'autres traits aussi beaux que celui-là, qui prouvent clairement le contraire de ce que les matérialistes prétendent.

Les naturalistes ont ici le tort de vouloir décider une telle question sans la philosophie, lorsqu'elle n'est pas précisément du ressort des sciences naturelles.

VI. — Les races humaines ne forment pas des espèces séparées.

Ceux qui soutiennent qu'il y a plusieurs espèces dans le genre humain, soutiennent une thèse diamétralement opposée à celle du transformisme de

Darwin. Celui-ci veut que tous les êtres vivants ne fassent au fond qu'une seule espèce. Contrairement à cette monstruosité scientifique, ceux qui voient dans les races humaines de vraies espèces, font fausse route dans les distinctions classiques admises généralement.

Selon la juste remarque du docteur Reusch, les transformistes ne peuvent être nos adversaires qu'en tombant dans une contradiction, eux qui veulent que même les singes entrent dans notre espèce. Voilà comment toujours la vérité, abandonnant les excentricités des extrêmes, se trouve dans les sages milieux.

VII. — Preuves de l'unité de l'espèce dans la différence des races.

PREMIÈRE PREUVE.

Le signe le plus certain que des individus de race différente sont de la même espèce, c'est que les alliances de familles ont lieu et que les enfants sont féconds, et que cette fécondité est illimitée. Or, l'expérience est faite : elle est faite avec toutes les races; et cette expérience demeurera comme un argument sans réplique. Nous sommes en sécurité. La base actuelle de la science naturelle est assez solide pour n'être pas ébranlée; et comme nous l'avons vu déjà, cette fécondité augmente entre races différentes.

DEUXIÈME PREUVE.

La seconde preuve ressort de l'impossibilité d'établir une ligne de démarcation entre les différentes races. Elles sont toutes reliées entre elles par des transitions insensibles. Aussi, il n'est pas étonnant que les naturalistes ne soient pas d'accord dans leur classification des races.

Il n'y a pas de ligne précise, il n'y a pas même possibilité d'une ligne de démarcation fondée sur la nature, et qui soit incontestable pour séparer et distinguer les races. Qui peut dire dans les intervalles où finit le nègre et où commence l'éthiopien; où finit l'éthiopien et où commence le caucasique; car l'éthiopien est un terme moyen. Il n'y a dans chaque centre qu'un groupe restreint qui ait le type le plus développé de sa race, et encore dans ces groupes il y a des variétés qui ont des tendances vers les autres races. Toutes les races humaines sont un cercle complet de variétés se tenant sans interruption, par des transitions insensibles. Mais toutes ces variétés, ces nuances, ce plan légèrement incliné, qui relient toutes les races, s'arrêtent tout à coup pour laisser un vide, un intervalle marqué entre l'homme et les animaux les plus parfaits au-dessous de lui. Ce que nous disons ici est si vrai et si incontestable, qu'un des plus savants naturalistes, Joseph Muller, affirme « qu'il est impossible d'établir une classification tout à fait exacte des races humaines. Les signes caractéristiques indiqués par les savants ne sont ni assez constants, ni assez précis; on ne connaît point de principe scientifique pris dans la nature des choses, qui nous permette de distinguer les races, comme il en existe un pour les espèces. Blumenbach a établi cinq races, mais on ne doit les considérer que comme des termes extrêmes; autrement on tombe dans l'arbitraire. Jamais on ne pourra déterminer si les Tatares et les Finnois appartiennent à la race mongole ou caucasique; on ne sait si on doit ranger les Papaus et les Alfourous parmi les Malais ou parmi les nègres ».

Une autorité non moins considérable se prononce dans le même sens.

« Tant qu'on ne s'occupait que des variations extrêmes », dit M. Humboldt, « sous la vivacité des premières impressions, on fut porté à considérer les races, non comme de simples variétés, mais comme des souches humaines originairement distinctes. Mais dans mon opinion des raisons plus puissantes militent en faveur de l'unité de l'espèce humaine, savoir les nombreuses gradations de la couleur de la peau et de la structure du crâne, que les progrès rapides de la science géographique ont fait connaître dans les temps modernes. La plus grande partie des contrastes dont on était si frappé jadis s'est évanouie devant le travail de Tiedmann sur le cerveau des nègres et des européens, devant les études anatomiques de Protée et de Néber, sur la configuration du bassin. Si on embrasse dans leur généralité les nations africaines de couleur foncée, sur lesquelles l'ouvrage du capitaine Prichard a répandu tant de lumières, et si on les compare avec les tribus de l'Archipel méridional de l'Inde, et les îles de l'Australie occidentale avec les Papous et les Alfourous, on voit clairement que les cheveux crépus et la teinte noire de la physionomie nègre sont loin d'être toujours associés. Qu'on suive la classification des hommes en cinq races, adoptée par Blumenbach, ou qu'avec Pritchard on en compte sept, toujours est-il qu'on ne trouve aucune précision des types d'après un principe fondé sur la nature dans les groupements. On n'y sépare que ceux qui forment, en quelque sorte, les extrêmes des diverses configurations et des diverses couleurs, sans se préoccuper des familles de peuples qui ne présentant pas un type aussi bien accentué, ne peuvent pas être rangés dans ces classes ». (*Cosmos*, I, 379-423; traduction Faye.)

Des exemples analogues de transition se trouvent chez les Berbères de la Nubie, et chez quelques éthiopiens. Ils sont de la race caucasique, et ont quelquefois la peau aussi foncée que quelques tribus de la race nègre. Il y a également une grande analogie entre la couleur des cheveux et l'iris. Ce sont bien des caucasiques, leur taille est avantageuse, ils ont le visage ovale et le nez droit; leurs lèvres quoique épaisses, ne sont point encore renflées, et leurs cheveux, quoique crépus ou bouclés, ne sont pas encore laineux comme ceux des nègres.

Les Nubiens qui habitent le Condofan approchent encore plus des nègres. Tous ces peuples cependant sont rangés dans la race caucasique; mais qui pourra dire où commence réellement la race nègre et où finit la caucasique?

De même les Esquimaux ferment la transition entre la race américaine et la race mongolique. Je me contente de ces exemples, mais on n'a qu'à consulter les meilleurs auteurs sur ces points, et en particulier le docteur Reusch, et on verra qu'on n'a qu'à se placer géographiquement entre deux races, et on trouvera toujours un point où elles se confondent, et d'où elles marchent par degrés insensibles jusqu'aux extrêmes. Donc il y a des variétés, mais pas de races rigoureusement circonscrites.

TROISIÈME PREUVE.

Un autre fait défend au naturaliste d'être trop exclusif dans la définition et la circonscription de la race : c'est qu'au centre même de certaines races on trouve des types d'une race fort éloignée.

Mgr Viseman nous dit qu'un voyageur vit dans le Horan, à l'est du Jourdain, une famille dont le père et la mère était blancs et ne comptait pas de nègres parmi ses ancêtres, tandis que les enfants étaient tous noirs. Il paraît que dans cette contrée les causes externes sont très-favorables à la continuité de cette particularité. La population arabe qui l'habite se distingue des autres tribus de cette nation par un teint généralement plus foncé, des traits plus aplatis et une chevelure plus rude.

Le même auteur (Viseman, 3ᵉ disc.) ajoute : « Le cas inverse se rencontre également chez les nègres ; on y verrait naître des individus blancs, et la tendance vers ces exceptions se perpétuerait ».

Il y a une mobilité perpétuelle des formes du corps au sein même de chaque race. Il est vrai de dire que le type pur d'une race est assez rare. Quelle variation parmi nous dans la forme de la figure, du crâne, du nez, de la taille ! Dans les grandes assemblées populaires, on est étonné des excentricités de figures que l'on rencontre au centre même de l'Europe, et si la dignité humaine permettait qu'on lui appliquât le principe de la séduction, telle que Darvin la pratique sur les espèces animales, pendant plusieurs générations, on trouverait toutes les races sur un point donné de la France, la couleur exceptée, puisque les latitudes font les teintes. Je crois que cette hypothèse n'a rien de forcé, et que sa réalisation produirait d'étonnants résultats.

Aujourd'hui l'homme, on peut le dire, pétrit et façonne certains êtres vivants comme la matière morte. D'un type donné il tire à peu près tout ce qu'il veut. Il romp l'équilibre naturel de l'organisme, il fait des animaux tout graisse, comme le porc d'York ; tout os, comme le cheval anglais ; tout chair, comme.le bœuf de Durham ; il fait même le bœuf sans corne, qui est un produit artificiel de l'Hollone (diversité des types hum.) ; et cependant ces animaux n'ont pas passé dans une espèce voisine : le bœuf reste bœuf, le cheval reste cheval, etc.; et l'on voudrait avoir une autre mesure pour comparer l'homme ! Il n'y a que la passion qui puisse aller jusque-là : ce ne sera jamais de la science.

VIII. — Possibilité pour toutes les races d'hommes d'habiter tous les climats.

De tous les êtres vivants qui sont sur la terre, c'est l'homme qui vit le plus facilement sous toutes les latitudes et dans toutes les régions.

Au XIXᵉ siècle, siècle de voyage, d'histoire comparée, d'études géographiques et d'histoire naturelle, on est entouré de faits de toute nature pour décider certaines questions.

Il est notoire aujourd'hui que toutes les races d'hommes peuvent vivre à toutes les latitudes. On sait très-bien aussi que les habitants du nord ne peuvent, sans péril, aller habiter l'Afrique, ni les Africains en Suède ; mais, avec quelques précautions ou par des essais sagement préparés, toute race peut vivre partout. Voici le jugement d'un homme compétent là-dessus. (De Vaitz, *Antrop.*, I, p. 213) : « On ne peut nier qu'un même peuple peut vivre successivement dans des climats bien différents; et réellement il y a des peuples qui ont ainsi parcouru tous les climats, ce qui n'est pas possible pour la plupart des espèces animales. De plus, la manière de vivre et toutes les relations extérieures de l'homme peuvent se modifier profondément, et se modifient en effet très-souvent; tandis que la manière de vivre des animaux reste à peu près toujours la même. Enfin ce même peuple peut parcourir différents degrés de civilisation, fait souvent constaté par l'histoire, ce qui ne peut pas avoir lieu pour les animaux. Si donc, sous tous ces rapports, l'homme a une habitude beaucoup plus grande que les animaux, il est évidemment conforme aux lois naturelles que la variabilité physique de ses constitutions physiques soit plus étendue que celle des espèces animales ».

Lorsqu'au xvie siècle on découvrit l'Amérique, on trouva certainement des différences entre les habitants de ce nouveau monde, mais on a constaté que plusieurs tribus, le Pérou et le Mexique, c'est-à-dire les contrées les plus brûlantes, étaient arrivées par le Nord.

Voilà des faits qui ont une grande valeur pour notre thèse.

Faisons, à ce sujet, une comparaison spéciale. Ceux qui veulent confondre l'homme avec le singe, doivent se trouver ici fort embarrassés, car le singe est extrêmement limité pour les régions où il peut vivre. Il ne quitte pas sans péril les régions équatoriales, il lui faut une grande chaleur, un régime surtout végétal. On peut en avoir en France, mais peu de sujets peuvent braver notre climat; et plus on descend vers le pôle, plus la température lui devient mortelle.

Nous ne pouvons pas nier que, lorsqu'une nation a acquis d'une manière très-caractérisée les signes et les formes d'une race quelconque, ces formes ont une tendance à être permanentes. C'est la loi de l'hérédité qui atteint aussi chaque famille particulière. Mais cette loi de l'hérédité n'est pas invincible en soi. Elle cède aux causes contraires, à celles qui ont amené les particularités héréditaires, et l'hérédité marche dans un sens opposé.

Concluons, de ce qui précède, que les races humaines existent, mais qu'il n'y a pas de séparation réelle entre elles, et lorsque Blumenbach, Flourens, Pritchard et d'autres ont fait leur classification, J. Muller a eu raison de dire que ces nomenclatures ne sont pas fondées sur la nature des choses, mais que ce sont des divisions approximatives pour faciliter l'étude de l'anthropologie. Aussi ces auteurs n'ont-ils pu s'accorder entre eux, puisque ceux-ci admettent trois races, ceux-là cinq, d'autres sept, et quelques-uns davantage, et tous ont un peu raison, puisque ces divisions approximatives jettent de la lumière sur l'anthropologie.

On conviendra que ce point admis, et on ne peut le contester, c'est un puissant argument pour l'unité de notre espèce.

Passons à une autre considération.

IX. — Les causes de variétés actuellement connues peuvent rendre compte, ou peu s'en faut,
de toutes les variétés existantes.

Ces causes sont la différence des climats, de la nourriture, des difficultés à trouver les aliments, la rareté de ces aliments, la qualité bonne ou mauvaise de ces aliments, les habitudes, le genre de civilisation et de la culture intellectuelle, etc.

Il serait téméraire d'affirmer que les causes que nous venons d'énumérer suffisent à elles seules pour obtenir la totalité des différences qui affectent les races; mais il faut absolument admettre qu'elles sont énormément puissantes.

Leur effet est connu. Il suffit de jeter un coup d'œil général sur notre globe, pour comprendre que les zones tempérées sont favorables à la civilisation, et voir que les plus belles races se trouvent dans les centres civilisés et les zones tempérées; et au contraire, les races les plus dégradées sont celles où le niveau de la culture intellectuelle est descendu... Si, à cette cause de décadence s'en réunissent encore plusieurs autres, comme la lutte contre la rigueur du climat, la mauvaise qualité des aliments, l'insalubrité des lieux, et d'autres obstacles; il ne faut plus s'étonner que le corps humain ne puisse arriver à un développement aussi parfait.

La réunion de tous ces obstacles qui combattent la vie physique, emprisonnent l'intelligence dans un cercle très-étroit. Il faut juger les races placées dans ces défavorables conditions comme étant dans une situation tristement exceptionnelle et moralement digne d'une profonde compassion. Nous-mêmes, qui sommes plus heureusement placés dans nos zones tempérées, nous n'aurions pas vraisemblablement lutté avec plus d'avantages qu'elles contre des obstacles si multipliés et si écrasants.

Si nous entrons dans les détails avec les voyageurs et les observateurs les plus autorisés, on peut, dans la comparaison des races, commettre une double faute; la première, celle d'exagérer les différences, et une seconde en méconnaissant la puissance des causes que nous venons de signaler pour produire ces variétés. Voyons ce qu'un jugement impartial doit décider sur la différence de la forme de la tête, de la couleur, de la taille et des proportions des parties du corps.

Forme de la tête et état du cerveau. — Je prends dans Mgr Meignan un résumé bien fait et concluant sur ce point. (*Monde primitif*, p. 236.) Le crâne du nègre est-il absolument et nécessairement différent du crâne des Européens?

« Leur cerveau serait-il incomplet, manque-t-il quelque chose à cet organe, à cet instrument de la pensée?

« A cette question nous répondons catégoriquement : Non. La forme générale des crânes de tous les groupes humains présente à un haut degré une fusion de caractère, qu'on retrouvera », dit M. de Quatrefages, « toutes les fois qu'il sera possible de prendre des mesures précises. M. Pruner-Bey montre fort bien que les résultats de la craniométrie présentent presque les extrêmes de la brachyocéphalie et de la dolicocéphalie, même dans notre Europe, au sein de la même race ». « On ne peut », conclut M. de Quatrefages, « attribuer à l'indice céphalique qu'une valeur de caractère de race, et nullement celle d'un caractère d'espèce ».

Au reste, il paraît bien prouvé à l'Académie des sciences de Paris, que le plus ou moins d'allongement de la tête ne décide absolument rien quant à l'intelligence. (Voir le *Rapport sur le progrès de l'anthropologie*, 1868.)

Enfin, Gratiolet pense que le développement du crâne est, jusqu'à un certain point, indépendant de celui du cerveau (*Ibid.* 304) : « Quoi qu'il en soit, la forme naturelle du crâne n'a chez l'homme qu'une valeur de race. Bien des peuples l'altèrent volontairement. Sans aller bien loin, en France, la tête toulousaine est allongée et le haut du front fuyant, et cette forme est regardée par tous les physiologistes comme tenant à l'usage du bandeau très-serré que les matrones du pays appliquent sur le crâne du nouveau-né ».

Un mot sur l'angle facial, dont on s'est tant occupé au commencement de ce siècle. « Au point de vue descriptif et comme donnant avec précision les caractères distinctifs des races, la mesure de l'angle facial est significative ; mais il ne faut pas lui demander autre chose, ni attribuer aux chiffres plus ou moins différents donnés par ces mensurations une signification plus élevée. (*Rapp. sur l'ant.*, p. 314.)

Une supériorité angulaire n'est pas toujours le signe d'une intelligence supérieure ; ni une grosse tête l'indice nécessaire d'un grand génie. On peut en dire autant du volume du cerveau lui-même. (*Ibid.*)

M. Flourens, résumant devant l'Académie des sciences les conclusions auxquelles étaient arrivés Tiedmann et Blumenbach, les confirme de sa propre expérience.

« Les hommes », dit-il (*Eloge de Tiedmann*), « de quelque race qu'ils soient, blancs, noirs, jaunes ou rouges, ont tous, à de très-petites différences près et qui ne sont qu'individuelles, la même capacité crânienne.

« Le cerveau ne présente non plus aucune différence, absolument aucune, entre celui de l'homme blanc et celui de l'homme noir : le cerveau du noir, au contraire, diffère de celui de l'Orang-Outang en tout, par son volume et par les lobes ou hémisphères cérébraux ; la pensée ou siége de la pensée est dominante et caractéristique du cerveau du nègre ».

Dans le domaine pur de la physiologie on peut bien marquer la limite précise qui « sépare l'instinct de l'intelligence ; mais d'homme à homme, de race à race, ce ne sont plus que des degrés, des variétés, des nuances que l'éducation fait disparaître. L'unité de l'intelligence est la dernière et la définitive preuve de l'unité humaine ».

Quand on a des autorités aussi respectables, aussi nombreuses, aussi positives que celles-là, une cause est jugée. Qu'on ne nous parle donc plus e prognathisme, de cerveau fuyant, de stupidité de races, puisqu'on trouve tout cela dans chacune des races.

Système Pileux. — La différence qui existe dans la forme des cheveux, dit le docteur Reusch, p. 421, n'a qu'une importance secondaire, car on voit, sous ce rapport, des transitions nombreuses. On trouve fréquemment, chez les peuples qui ont les cheveux crépus et laineux, des individus qui les ont longs et droits, et *vice versâ*.

Néanmoins il n'est pas sans intérêt de rappeler ici les utiles réflexions de M. Domenech. (Dom. p. 56 à 96.)

Le système Pileux, qui, chez l'homme, laisse plus ou moins à découvert une grande partie du corps, offre chez tous les peuples de la terre la même distribution. Or, cette distribution, qui varie d'espèce à espèce dans les mammifères, qui du moins présente des particularités constantes, ne sépare pas les types humains. Le système pileux diffère par son abondance ou sa rareté sur certaines parties, sur la face en particulier ; il est tantôt fin, tantôt grossier, lisse, bouclé ou crépu et feutré comme une toison, et ces différences sont surtout très-remarquables pour la chevelure ; enfin, sa couleur varie, comme on le sait, considérablement. Parmi ces différences, il en est qui ne comptent que peu ou point dans la caractéristique des races, parce qu'on les retrouve dans plusieurs de celles-ci ; telle est la couleur, qui, dans toutes les grandes familles de l'humanité, est le plus souvent foncée ou même noire, et, dans presque toutes, présente quelques exceptions à cette règle. La disposition laineuse des cheveux est plus près de constituer un caractère, et trouve place dans le portrait physique du type éthiopien à côté du prognathisme. Toutefois, c'est encore par gradations nuancées qu'on passe de cette disposition de la chevelure aux cheveux droits, grossiers et plus ou moins roides d'autres peuples.

« Quand on compare sous le microscope ces deux sortes de cheveux, on ne reconnaît entre elles aucune des différences qui distinguent si bien chez les mammifères les poils véritablement laineux et susceptibles de former un feutre des poils ordinaires. Le poil laineux se caractérise généralement par une structure particulière, d'où résultent à sa surface des aspérités plus ou moins prononcées et proportionnées à sa disposition à se feutrer. On remarque aussi qu'il augmente d'épaisseur de sa racine à sa pointe, ou du moins qu'il offre des inégalités dans la longueur et qu'il ne va pas en s'atténuant. Les poils proprement dits sont, au contraire, plus ou moins lisses et plus épais à leur base qu'à leur extrémité libre. Or, bien qu'on trouve chez une même espèce de mammifères et des poils et de la laine, qu'on voie prédominer, selon les saisons et surtout selon les races, tantôt le poil ou la jarre, tantôt la laine, toutes les races humaines se ressemblent en ce que chez toutes le poil seul se développe et que les cheveux tortillés du nègre ont la même structure que les cheveux longs et soyeux du noir Abyssin, de la blonde Scandinave ou que les cheveux roides et grossiers du Mongol. Les cheveux humains ne varient que sous le rapport de leur abondance, sous celui de leur longueur, sous celui de leur finesse et, enfin, par la quantité de matières colorantes qu'ils contiennent. A cet égard on observe une gradation nuancée du châtain au noir foncé, et parmi les cheveux noirs ceux des nègres sont les plus chargés de cette matière. On a pensé que leur disposition à se rouler pouvait tenir à cette circonstance. Comme la même disposition se retrouve chez beaucoup d'individus de notre race, il serait facile de soumettre cette disposition à l'épreuve de quelques comparaisons ; mais je doute qu'elle se justifie, dit Holland. (*De la diversité des types humains.*)

La couleur et les caractères des cheveux ne laissent rien conclure contre l'unité de notre espèce.

X. — Couleur de la peau et de l'iris.

Du pôle à l'équateur on observe une gradation de couleur qui commence par une complexion sanguine, devient ensuite rose et blanche, et finit par le noir en passant par le brun et le teint olivâtre. Si cette remarque souffre des exceptions, c'est que la même distance du soleil n'indique pas dans les mêmes régions la même température ni le même climat. L'élévation des terres, le voisinage de la mer, la nature du sol, l'état de l'agriculture, le cours des vents et plusieurs autres circonstances changent la température de la même zone.

L'expérience la plus commune prouve le pouvoir du climat sur le teint. La chaleur de l'été le rembrunit, le froid de l'hiver le rend d'une couleur sanguine ; dans la zone tempérée les alternatives de froid et de chaud se corrigent l'un l'autre ; mais quand l'un ou l'autre domine, il imprime dans la même proportion un caractère permanent.

M. Lavingstone, en traversant l'Afrique centrale, a remarqué dans son long voyage parmi les nombreuses tribus qu'il a visitées, que les nègres qui vivaient dans les terrains bas et marécageux avaient la peau excessivement noire et luisante, tandis que ceux des plateaux et des lieux élevés et secs avaient la peau brune du mulâtre. Les vapeurs des eaux stagnantes, les grandes fatigues de la pauvreté, la nudité, la malpropreté brunissent singulièrement l'épiderme. Des études microscopiques ont montré que la couleur de la peau était due à la présence de globules qui se trouvent dans le tissu cellulaire entre le derme et l'épiderme. On ne trouve pas dans ces tissus un organe particulier au noir ou au blanc.

Ces principes généraux nous prouvent que le soleil est le plus puissant distributeur de la couleur sur les races humaines. C'est véritablement une loi qui peut combiner ses effets avec d'autres causes moins puissantes. Les juifs nous fournissent un exemple frappant du changement de la peau selon les climats. Descendant d'une même souche, étant empêchés par toutes leurs lois de contracter mariage avec les autres nations, néanmoins dispersés sur toute la surface du globe, les juifs sont en général blonds et blancs en Angleterre et en Allemagne, châtains et bruns en France, en Italie et en Turquie, bazanés en Espagne et en Portugal, olivâtres en Syrie et dans la Chaldée, cuivrés en Arabie et en Egypte, et en Abyssinie ils seraient noirs comme les Caucasiens qu'on y rencontre. (Domenech. *Voyage pittoresque dans le Nouveau-Monde*, p. 80.)

Linnée disait déjà en parlant des fleurs : *Nimium ne crede colori*. On peut le dire de la couleur de la peau humaine.

D'après ces observations, on peut établir 1° que la principale cause colorante est le soleil, dont l'action se combine avec l'altitude des continents et avec d'autres causes moins actives.

2° Que les peuples les plus noirs sont ceux que l'histoire nous désigne comme ayant habité depuis plus longtemps la zone équatoriale. Comme l'Amérique a été habitée longtemps après l'Afrique, cette différence donne aussi la raison de la différence de couleur.

3° La couleur devenant héréditaire comme toutes les particularités de race, on pourrait peut-être reconnaître cette loi : qu'une tribu nègre revenant habiter une zone tempérée, mettrait pour redevenir blanche probablement autant de temps qu'il en a fallu pour arriver au dernier terme de la variété. Il est indubitable que le temps de retour serait proportionné au temps donné pour la coloration.

Ici donc comme pour les autres côtés de la question, nous trouvons un grand nombre de raisons pour l'unité de l'espèce humaine, et aucune contre.

Les espèces animales et végétales nous donnent le même exemple de variétés sans mutations d'espèces.

Les conclusions précédentes sont confirmées par les observations faites sur les espèces animales.

Les quadrupèdes prennent une couleur blanche vers le nord, et foncée vers le midi, dans les animaux qui peuvent habiter plusieurs latitudes.

Cuvier, Isidore, Geoffroy, Saint-Hilaire et surtout M. Darwin qui s'est livré à une étude toute particulière des pigeons, ont conclu à une seule espèce, et leur pensée est que le bizet a donné naissance à toutes les races.

Un grand amateur de pigeons, John Ibrigt, le plus habile des éleveurs, n'hésite pas à dire : En trois ans je puis produire n'importe quel plumage, qui m'aura été indiqué ; mais il me faut six ans pour façonner une tête et un bec (Cité dans Meignan, p. 213).

Qui croirait que le cochon blanc vient du sanglier ; et les mille espèces de chiens, d'un seul type de couleur brune, du chacal ?

Faites la même comparaison sur les plantes, et voyez ce que les fleurs deviennent sous la main de l'homme. En quelques années nos horticulteurs nous donnent les nuances qu'ils veulent ; mais l'espèce est immobile dans un million de variétés. Une rose reste une rose, et ne devient jamais un dahlia, ni un géranium ne se change pas en hortensia.

XI. — Différence d'intelligence entre les races.

Voici un nouveau, mais le plus important côté de la question.

Le nègre et l'australien ont-ils la même intelligence que l'européen et l'asiatique ? le même degré de culture intellectuelle, le même degré de civilisation ? Non. La même capacité originelle approximativement ? Oui.

Voilà ce que les faits nombreux bien observés prouvent sans laisser aucun doute.

On a vu précédemment que les hommes spéciaux les plus compétents avaient décidé la question de la mesure du crâne et du volume du cerveau.

Nous ne sommes plus au temps où de rares voyageurs revenaient des contrées lointaines avec des récits plus merveilleux que fidèles sur les populations africaines et des îles. Aujourd'hui, des milliers de savants, de linguistes, de naturalistes, de missionnaires ont non-seulement visité ces populations, mais ont vécu avec elles, ont pénétré dans leur intimité et connu leurs sentiments et leurs pensées. Ce que nous allons dire pour et contre est puisé aux meilleurs sources. La question sera donc jugée en présence des faits.

« Chez les nègres, dit Richardson (*Mémoire sur le Soudan*, 1855), l'être pensant existe à peine : c'est à la fois l'enfant et la brute ; l'enfant avec la mobilité naïve de ses désirs et de ses volontés ; la brute avec l'impétuosité de ses grossiers appétits, pourvu qu'il ait à sa portée de quoi les satisfaire, et comme la bête repue, qu'il puisse ensuite s'étendre à l'ombre dans une inaction complète. La prévoyance avec les soucis qu'elle éveille, et ceux quelle prévient, lui est inconnue... S'il est étranger aux passions ambitieuses qui sont le fruit de la civilisation, en revanche il en est deux qui le possèdent tout entier : l'amour physique et la paresse. Pas un peuple nègre n'a passé la première ébauche de la vie civilisée. (*Ceci va être contredit.*)

Cultiver la terre se borne pour le nègre à brûler sur pied le chaume de l'année précédente. On jette les semailles et la nature fait le reste ».

Voila la vie privée. C'est peu ; mais ce peu suffit à la nourriture dans un pays chaud.

Voyons les principaux traits de la vie sociale. (*Ibid.*) « Dans le Soudan, le lien le plus apparent et le plus simple entre les hommes, les routes et les chemins n'existent pas. On ne trouve pas dans le Soudan une seule de ces grandes voies publiques qui attestent une communication habituelle entre les habitants, même dans les centres les plus populeux il n'existe, de ville en ville, que des sentiers à peine reconnaissables à travers les grandes herbes et les djongles. Leurs villes ne peuvent se comparer à nos plus chétives bourgades. Des murailles en terre renferment quelquefois un grand espace, mais n'enveloppent que de misérables cabanes semées au hasard dans cette enceinte. Les parois de la hutte sont en terre. Pour couche le nègre a la terre unie, pour meubles quelques peaux d'animaux sauvages.

Voilà quelques traits que nous donne Richardson, mais nous avons des aveux bien plus considérables à faire.

La polygamie est en Afrique à l'état permanent...

Chez plusieurs peuplades existe le cannibalisme. Les hommes mangent la poitrine de la malheureuse victime humaine, et les femmes la tête comme la partie la moins bonne.

Enfin non-seulement les nègres se mangent entre eux, mais ils se chassent comme les animaux des forêts. Ils sont eux mêmes leurs plus grands ennemis. Borth et Vogel ont assisté à plusieurs de ces chasses aux nègres, et nous en ont dit les plus horribles détails. Denhow raconte que le cheik Beomoni, pour sceller un traité avec le roi de Mandara, avait épousé la fille de ce dernier chef. La dot stipulée était le produit d'une expédition combinée dans le pays Kerdi de Mousgou. Le résultat, dit le narrateur, fut aussi favorable que cette confédération sauvage avait pu l'espérer. Trois mille malheureux nègres furent arrachés de leur contrée natale et voués à un esclavage perpétuel. Le double de ce nombre fut sans doute sacrifié pour obtenir ces trois mille prisonniers... Il faut voir le traitement que subissent ces pauvres prisonniers à travers le Sahara. (Mecq., p. 234. *Monde primitif.*)

Ces traits sans doute trop véridiques suffisent pour montrer le lamentable état où est tombée une fraction du genre humain.

Cet état social est révoltant.

Malheureusement nous voyons par plusieurs exemples des civilisés, que dans les siècles les plus vantés nous sommes capables, quelquefois, de descendre presqu'aussi bas. Qu'avons-nous vu de la part des septembriseurs de 93, et de quels crimes nos capitales ne sont-elles pas épouvantées de temps en temps? Qu'on donne la liberté à certains forcenés, et on verra qu'il ne manque pas de nègres parmi nous.

De quelles insultes cette malheureuse race n'a-t-elle pas été l'objet au dernier siècle; on déclarait incivilisables ces hommes à museau!

Mais écoutons à leur tour des voyageurs plus récents qui ont vécu dans leur intérieur et ont sympathisé avec eux. Pour être juste, il faut tenir compte de tout dans son jugement.

« Les Hottentots qui résident sur les terres du gouvernement du Cap », dit Casalès, « peuvent être regardés comme acquis à la civilisation. Ils rendent de grands services à la population blanche en qualité d'agriculteurs, d'artisans, de domestiques. Il y a des écoles, des catéchismes, des temples. Ils ne parlent presque plus dans la colonie que le hollandais et l'anglais ».

Voici un fait bien caractéristique à plus d'un titre :

Les Bouschimens encore plus petits que les Lapons, ont des traits hideux par suite de leur misère. Un chef Mochmana, dit Casalès, avait donné des bestiaux et avait réussi à leur faire cultiver la terre. Après deux ou trois générations cette population se trouva régénérée; elle ne différait en rien pour la taille et les contours musculaires des Hottentots les mieux constitués, on les amène à écrire et à lire le hollandais passablement. La race cafre se rapproche beaucoup de la race caucasique. Il est tel de ces indigènes que son port noble et assuré, la symétrie de ses membres feraient prendre pour une statue de bronze descendue de son piédestal. Les uns sont basanés, les autres d'un noir foncé. Le cafre est courageux, hardi, comme un européen.

M. Casalès les connaissait, et voilà son jugement; mais continuons à l'écouter.

Les Cafres convertis montrent beaucoup de persévérance et de dévouement.

« Après avoir séjourné pendant vingt-trois ans parmi les descendants de Cham », dit Casalès, « et avoir cherché à leur faire quelque bien, je suis revenu avec le désir d'être encore utile à une race dont les malheurs ont profondément remué mon âme, et que je vois en dépit de son avilissement tout aussi bien douée que la nôtre sous le rapport du cœur et de l'intelligence ».

Grâce à la religion catholique, par le zèle de ses apôtres et par les aumônes de la propagation de la foi, des missions régulières ont été établies dans ces régions. Les missions, en dépit des plus grandes difficultés, bâtissent des chapelles, ouvrent des écoles, forment des forgerons, des tailleurs, des tisserands, des jardiniers; ils empêchent les sacrifices humains, bannissent la polygamie, et ils déclarent la race noire très civilisable.

On sait par l'exemple du vénérable Licborman que cette mission a d'abord été périlleuse; mais l'entreprise des missionnaires est aujourd'hui pleine d'avenir.

Le supérieur d'un établissement de frères, consulté sur le progrès de l'enseignement des nègres, répondait qu'«il était très-satisfait; que les petits nègres sont aussi intelligents que les petits blancs, et qu'en somme les nègres sont moins noirs qu'on ne les fait ».

Le docteur Lavingston a rendu le même témoignage en faveur du nègre. « Quelque dégradées, dit-il, que soient ces populations, il n'est pas besoin de les entretenir de l'existence de Dieu, ni de leur parler de la vie future ; ces deux vérités sont universellement reconnues en Afrique ». Il suffirait, selon lui, de quelques établissements européens pour faire rayonner la civilisation sur le vaste continent de la Négritie.

Ainsi les voyageurs du xix⁰ siècle ont fait tomber les calomnies de leurs devanciers, qui n'avaient vu les nègres que par le côté de leurs vices et de leur misère.

Parmi les nègres qui sont venus vivre au milieu de nous, il y en a qui sont devenus fort distingués. Le célèbre Lisette Geoffroy fut nommé, au siècle dernier, membre correspondant de l'Académie des sciences de Paris.

Casalès a remarqué que les nègres, dans leurs réunions, se livraient à des improvisations poétiques qu'il a jugées dignes d'être traduites en français.

Blumenbach compte parmi les nègres les hommes les plus humains, les plus braves ; des écrivains, des savants, des poètes. Il avait une bibliothèque toute composée de livres écrits par des nègres.

« L'esprit humain est un », dit M. Flourens [1]. Oui, s'écrie Mgr Meignan, malgré ses malheurs la race d'Afrique a eu des héros en tous genres.

Quelques-uns ont dit : Le nègre a eu ses éclairs, il est vrai, mais ses facultés morales sont nulles. Il résiste à la loi du travail, ne comprend que le fouet et le bâton. On en peut faire un superstitieux, jamais un chrétien. L'Europe l'a affranchi, et il déteste le blanc qui lui a donné la liberté. Il est sourd à la persuasion, insensible aux bons procédés.

Voilà le raisonnement des Slavistes : raisonnement passionné et injuste. L'exposé précédent réfute ces calomnies.

Comment le nègre peut-il, sinon par force, travailler pour ses oppresseurs ? Il arrive entre les mains des blancs le cœur profondément ulcéré des violences et du vol qui l'ont livré à ses maîtres ; il est rongé par la mélancolie, plein de regret pour sa patrie.

Le noir travaille sans espérance. Mettez un blanc à sa place : sera-t-il meilleur ? plus courageux ? Les conditions injustes où il est placé écraseraient les races les plus fortement trempées. Le champ du nègre, c'est un bagne, moins la culpabilité.

On a vu des nègres affranchis, et un grand nombre ont commencé à aimer le travail ; ils l'ont aimé du jour où on ne leur a pas rendu la condition trop ingrate ; du jour où la religion leur a fait comprendre et aimer la sainteté et la nécessité de la loi imposée à tout homme vivant en ce monde. Malgré les motifs d'humanité donnés à la guerre d'Amérique, l'affranchissement des nègres n'est pas encore dans les mœurs. Il est vrai qu'on n'est plus au temps de Calhoun qui osait, à la face de l'Europe, donner pour motif de la prolongation de l'esclavage, les thèses soutenues par les savants qui faisaient des noirs une espèce inférieure à l'humanité ; mais encore aujour-

[1] Eloge de Blumenbach.

d'hui, on est, aux Etats-Unis, plein de dédain pour le nègre même affranchi. L'américain se croirait déshonoré de l'avoir pour commensal, et on ose se plaindre que le noir déteste le blanc ! Mais lequel des deux devrait paraître détestable, s'il fallait détester quelqu'un ? Et on veut que le noir travaille avec affection pour son oppresseur !

XII. — De l'infériorité intellectuelle des Australiens.

L'Australien a été encore plus cruellement maltraité que le Hottentot ; on a voulu y voir le congénère du hideux mandrill. Or, il est aujourd'hui à peu près prouvé que parmi les races humaines, l'Australien est le frère du Nègre. Les données philologiques ont presque constaté ce fait. Il y a entre eux une langue d'agglutination qui paraît avoir une origine commune. Leurs mœurs et leurs usages ont de la ressemblance.

Il faut tout de suite avouer qu'il sont descendus encore au-dessous de l'Africain. Leur nourriture est plus misérable. L'Australien est tout aussi cruel et encore plus corrompu que le Nègre.

Voici quelques traits : (Récits de Berthold Seeman, *Monde primitif*, p. 256).

Les habitants des îles Fidji ou Viti dépassent généralement la moyenne taille. Les chefs surtout ont une force musculaire très grande, grâce à une meilleure nourriture et aux exercices auxquels ils se livrent. Le reste du peuple, mal nourri, a l'air maigre, grêle et comme défait par le travail. Ceci explique ce que l'on dit des Australiens, qu'ils ont les jambes décharnées. On en voit la cause et le remède.

Mais voici des horreurs : Ils organisent des chasses aux hommes, brûlent les villages, massacrent les vieillards et les femmes, se repaissent d'abord des victimes les plus jeunes et emmènent ensuite les autres pour le même usage. Il y a des chefs qui se vantent d'en avoir, dans leur vie, dévoré huit cents. Cependant, dans plusieurs circonstances, ils n'osent avouer leur cannibalisme.

Ceci prouve trop bien à quelles horreurs peut se porter notre misérable nature, mais pas du tout la différence de l'espèce, puisqu'il y a eu des Néron et des Caligula à toutes les latitudes, dans toutes les races et même au sommet de la civilisation romaine.

Ce n'est que depuis le règne du Christianisme que ces exemples sont devenus de rares exceptions parmi nous.

Si l'Australien est le représentant le plus abaissé de l'humanité, il conserve cependant l'humanité, et est capable des plus nobles sentiments. Voilà ce que disent aussi les faits.

L'anglais Mitchell, en parlant de son guide sur les côtes de l'Australie, le déclare un spécimen parfait d'humanité, et tel qu'il serait impossible d'en rencontrer un semblable dans les sociétés qui s'habillent et se chaussent.

Pickering déclare *caricatures* certains portraits de l'australien ordinairement tracés en Europe. Sur trente individus de l'intérieur, il dit en avoir vu de fort laids, mais aussi de très-beaux. N'est-ce pas ce qui arrive à peu près partout ? Il parle de plusieurs australiens qui avaient une figure décidément belle. (Quatrefages, *Unité de l'espèce humaine;* éloge de Blumenbach.)

Chose remarquable ! Il termine ses observations en disant qu'il regarderait volontiers l'australien comme le plus beau modèle des proportions musculaires : ajoutez donc foi à ceux qui vous ont dit qu'il ressemblait en général au gorille ! Il combine, dit-il, la plus parfaite symétrie avec la force et l'agilité, tandis que sa tête pourrait être comparée au masque antique de quelques philosophes.

Il possede des armes bien combinées, il construit des huttes pouvant contenir douze à quinze personnes; il a inventé des canots d'écorces ; il tisse avec art des filets pour la pêche et la chasse, qui ont jusqu'a 80 pieds de long. On a constaté que les Australiens apprennent à lire et à écrire presqu'aussi vite que les Européens.

Lisez donc, s'il vous plaît, dans l'Encyclopédie moderne, qui entre dans tant de bibliothèques, à l'article Homme, par Bory de Saint-Vincent, au paragraphe VII, la belle peinture de l'australien, qu'il met presqu'au-dessous du singe, et vous aurez le droit de lui demander où il a puisé ses renseignements.

Des Anglais qui s'étaient établis sur la côte méridionale de l'Australie, furent frappés de l'état de civilisation des habitants. Ils étaient logés, vêtus et meublés mieux que tous les autres. Ce phenomène leur fut expliqué par l'apparition d'un homme blanc vêtu d'une redingotte. C'était un grenadier anglais qui, pendant huit ans seulement, avait opéré cette merveille.

Quoi qu'on en ait dit, les Australiens ne sont pas dépourvus de tout élément de civilisation. Il y a là des classes, des tribus, des chefs, et des terrains appropriés à certaines cultures ; des limites des propriétés, des villages de huit cents habitants.

Christianiser et civiliser ces populations sera l'œuvre du temps ; et on parle déjà de 30.000 sauvages devenus chrétiens. Les ministres Pritchard et Seeman ont déja beaucoup fait pour faire disparaître le cannibalisme.

Voilà la vraie situation de l'Australie d'après les témoins oculaires les plus récents. On doit sans doute être étonné de l'énorme distance où ils sont de nous. Mais que de circonstances atténuantes pour plaider leur cause! Il y a quatre mille ans, l'infériorité de cette race avait été prédite dans la Bible.

Mgr Meignan, à qui nous avons emprunté bien des réflexions dans ce chapitre, assigne comme une cause bien puissante de cet état d'abaissement, les habitudes vicieuses et l'immoralité persévérante dans tout le peuple. L'experience nous demontre que la volupté effrénée tarit la source de la vie.

Nos sociétés chrétiennes ne nous donnent qu'une faible idée des excès de débauche des nations de l'antiquité. Les Phéniciens surtout l'avaient érigé en culte religieux. Figurons-nous des tribus qui avaient importé ces abrutissantes habitudes en oubliant les premiers principes de la civilisation, ou qui se trouvaient dans des conditions trop défavorables pour conserver et pratiquer ces premiers éléments de civilisation.

Elles ont dû devenir ce que nous les voyons sur le Niger et les côtes de l'Océanie.

Le tort des Poligénistes a été de les déclarer inguérissables. Pour la philosophie rationaliste, je le crois, mais il n'en est pas ainsi pour le christianisme.

Il n'est donc point déraisonnable de dire que les habitudes vicieuses des noirs ont modifié fatalement la race, non dans sa couleur, mais ce qui est plus malheureux et ce qui constitue une modification plus profonde, dans son esprit, dans son âme.

Les questions purement scientifiques ne se résolvent pas par le sentiment, mais elles ne doivent pas l'étouffer. Quand il ne serait que douteux que l'africain et l'australien sont nos frères, ils mériteraient nos respectueuses sympathies jusqu'à conclusion du procès. Mais, grâce à Dieu, il n'y a pas d'incertitude. Un vil intérêt et une passion antireligieuse, ont pu seuls mettre en question pour un petit nombre les devoirs que nous avons envers nos semblables. C'est donc non-seulement au nom de la science, mais aussi au nom de l'humanité et de la religion que nous revendiquons cette confraternité.

En voyant ces races descendues si bas, nous pourrions demander si ce n'est pas nous, peuples civilisés, nous peuples chrétiens, nous représentants de la science humaine, si ce n'est pas nous qui avons manqué à nos devoirs envers ces déshérités. Nous avons été trop longtemps indifférents à leur sort lamentable.

Pourquoi, au lieu de les exploiter sans profit pour eux et souvent contre eux, n'avons-nous pas établi avec persévérance et courage, des rapports bienveillants, pour les disposer à nous comprendre et à profiter de notre supériorité? Au lieu de cela, qu'avons-nous fait? nous avons permis à l'Orient et à l'Occident des trafics honteux, sur des liqueurs enivrantes et dégradantes. Ils n'ont connu notre supériorité que par celle de nos armes meurtrières. Les missionnaires seuls, au nom du christianisme, ont porté avec un dévouement héroïque, la vérité et la paix au prix de leur vie. Ah ! pour civiliser, il faut faire autre chose que porter de l'opium pour ramener du thé. Ce n'est pas non plus en mesurant le crâne d'un singe qu'on moralise un cannibale.

Les faits nous apprennent que l'homme dégradé, que le sauvage, quand sa famille est l'objet de nos soins, remonte lentement, mais infailliblement les degrés de la civilisation qu'il avait lentement descendus : favorisez donc le zèle de la religion qui seule a tous les secrets de la réhabilitation, et bientôt elle vous fournira une preuve nouvelle et la plus consolante qu'il y a égalité de nature parmi nous. Ceux qui osent reprocher aux races dégénérées leur misérable état d'abaissement, se doutent-ils qu'ils prononcent leur propre condamnation ? Comme réponse aux épouvantables conclusions que M. Huxley a osé mettre à son livre sur la race Simienne, nous lui disons : Vous voulez nous dépouiller de notre âme, et nous ravaler au rang des brutes. Si vos raisons étaient claires comme la lumière du soleil, vous devriez trembler de dévoiler ce secret à l'univers, car il s'agit de soustraire à la société son principal fondement et sa seule espérance qui ait une valeur durable. Mais avec une audace inconcevable, vous venez avec des raisonnements futiles, et qui tombent devant le sens commun, calomnier l'humanité et la ravaler au niveau d'un animal qui n'est pas même le plus aimable parmi les brutes.

Mais en finissant, portons nos regards sur un spectacle plus touchant.

N'avons-nous pas admiré, il y a quelques années, un pur africain, le roi de Madagascar, qui tenait un langage dont la noblesse et la grandeur surpassaient de beaucoup dans son bon sens le langage de bien des civilisés, qui se croient supérieurs à ce barbare ? Et ses paroles devraient être méditées par nos diplomates. C'est le sentiment chrétien qui l'avait élevé à cette perfection.

Jusqu'ici, nous n'avons considéré l'unité de l'espèce humaine que par son côté purement scientifique, c'est-à-dire par l'histoire naturelle. Nous avons voulu être un fidèle rapporteur de toutes les opinions, et comme nous avons exposé sincèrement les faits, le lecteur a pu nous suivre et porter avec nous ce jugement tout à fait irréprochable. C'est que l'histoire naturelle n'a pas le droit de dire à Moïse : « Il n'est pas vrai que le genre humain sorte d'une seule souche ».

Mais nous allons plus loin, et nous pouvons dire que cette unité proclamée par la Bible est trouvée très-probable par la science, comme nous l'avons vu. Et nous allons plus loin encore, puisque nous avons une autre science purement humaine, qui veut avoir sa place ici, et qui demande à être écoutée à son tour, c'est l'histoire générale du genre humain, l'histoire des langues et de la communauté des usages, qui nous disent avec une probabilité qui approche de la certitude, qu'un seul couple primitif a donné naissance à tout le genre humain.

Les conséquences que nous venons de tirer, sont si bien en rapport avec la pensée générale des savants contemporains, que Huxley, celui qui montre le plus d'ardeur contre la pensée catholique, vient de faire l'aveu suivant dans une revue Britannique du 30 octobre dernier (Forthirightly Review), en parlant contre ce chef du positivisme :

« C'est que dans ce grand débat, quoique je sois des opposants, je pense que la question restera à jamais indécise ». Nous avons donc la victoire pratique, dit M. Moigno, et cela de la bouche de nos adversaires.

D'un autre côté, le doyen des géologues, **M.** Omalius d'Halloy, déclare solennellement qu'il se sépare de la jeune génération sur la manière dont elle interprète les livres saints, et que lui il ne peut que reproduire avec une plus vive conviction les paroles qu'il a prononcées à l'académie de Belgique, 1855 : c'est qu'il y a accord entre la Bible et les sciences naturelles, et que cet accord, il est heureux de l'appeler parfait.

Enfin, il y a quelques semaines, M. Dumas présentant à l'académie un nouvel ouvrage sur *l'homme primitif* de M. L. Figuier, « félicite l'auteur d'avoir écarté toutes les assertions impies ou téméraires, dont les découvertes modernes ont été l'occasion bien injuste. Il déclare parfait l'accord entre la science moderne et la révélation ». Que les esprits timides qui s'effraient du bruit que certains esprits téméraires font autour de plusieurs questions, se rassurent. « Le Dieu de la révélation est le même que celui de la nature ».

Bar-le-Duc. — Typographie L. GUÉRIN, Rue de la Rochelle, 49, 51.